Dorothee Feuerhake

Die Reform der landwirtschaftlichen Alterskassen 1995 - Eine Analyse

GRIN Verlag

Bibliografische Information der Deutschen Nationalbibliothek:

Die Deutsche Bibliothek verzeichnet diese Publikation in der Deutschen Nationalbibliografie; detaillierte bibliografische Daten sind im Internet über http://dnb.d-nb.de/ abrufbar.

Impressum:

Druck und Bindung: Books on Demand GmbH, Norderstedt Germany
ISBN: 978-3-640-17504-8

Dieses Buch bei GRIN:

http://www.grin.com/de/e-book/115790/die-reform-der-landwirtschaftlichen-alterskassen-1995-eine-analyse

Dorothee Feuerhake

Die Reform der landwirtschaftlichen Alterskassen 1995: Eine Analyse

Bachelorarbeit im wissenschaftlichen Studiengang Agrarwissenschaften an der Georg-August Universität Göttingen, Fakultät für Agrarwissenschaften

Studienrichtung: Wirtschafts- und Sozialwissenschaften des Landbaus

Abgabetermin: 12. März 2008

angefertigt im: Arbeitsbereich Agrarpolitik des Departments für Agrarökonomie und Rurale Entwicklung

Inhaltsverzeichnis

Abbildungsverzeichnis

Tabellenverzeichnis

Abkürzungsverzeichnis

ALG	=	Gesetz über die Alterssicherung der Landwirte
GAL	=	Gesetz über eine Altershilfe für Landwirte
GRV	=	Gesetzliche Rentenversicherung
LAK	=	Landwirtschaftliche Alterskasse
SGB	=	Sozialgesetzbuch

1 Einleitung

Die vorliegende Arbeit befasst sich mit dem System der Alterssicherung der Landwirte in Deutschland. Dieses System wurde im Jahre 1995 reformiert. Im Rahmen der Arbeit soll nun zunächst auf die Alterssicherung im Allgemeinen, also unabhängig von der Landwirtschaft eingegangen werden und die Rentenversicherung in der Bundesrepublik dargestellt werden. Im Folgenden werden die Besonderheiten des landwirtschaftlichen Alterssicherungssystems vor der Reform vorgestellt werden, wobei auf die Finanzierung und auch auf Probleme der Altershilfe eingegangen wird. Im vierten Teil soll die Reform betrachtet werden und im folgenden fünften Teil sollen Auswirkungen und Veränderungen nach der Reform untersucht werden. Abschließend werden in der Diskussion eine kurze Zusammenfassung sowie ein Ausblick auf die Zukunft des Systems stattfinden.

Die Alterssicherung gehört als ein Themenkomplex zum großen Komplex der Sozialpolitik. Sozialpolitik kann mithilfe von drei Bestandteilen, nämlich den Zielen, Instrumenten und Trägern derselben definiert werden. Ziele der Sozialpolitik sind die Verwirklichung von Gerechtigkeit, Sicherheit und Freiheit (RIBHEGGE 2004: 15). Es gibt zwei Arten von Instrumenten in der Sozialpolitik: Die ordnungspolitischen Instrumente, wie die Gestaltung der Rechts-, Wirtschafts- und Sozialverfassung, haben eine grundlegende, langfristige Bedeutung im Gegensatz zu ablaufpolitischen Instrumenten, wie Einnahmen- und Ausgabengestaltung vom Bund, die punktueller wirken (RIBHEGGE 2004: 39). Die Sozialpolitik ist dadurch gekennzeichnet, dass ihre Träger auf verschiedenen Ebenen angesiedelt sind. Zum einen gibt es staatliche Träger. Dazu zählen die Bundesregierung, der Bundestag und der Bundesrat sowie die staatlichen Organe auf Länder- und Landkreisebene (LAMPERT ET AL. 2004: 454). Dabei nehmen sie ihre staatlichen Aufgaben wie Gesetzgebung und Verwaltung wahr[1]. Als weitere Organe der Sozialpolitik gibt es halbstaatliche Träger wie beispielsweise Gewerkschaften, Arbeitgebervereinigungen, Genossenschaften und gemeinnützige Unternehmen. Sie sind mit begrenzten hoheitlichen Befugnissen ausgestattet (LAMPERT ET AL. 2004: 456). Zu den freien Trägern der Sozialpolitik werden die Verbände der Freien Wohlfahrtspflege gezählt. Diese Verbände sind zu-

[1] Näheres zu den Gesetzgebungskompetenzen ist im Grundgesetz in Art. 70 ff. zu finden.

sammengeschlossen in der Bundesarbeitsgemeinschaft der Freien Wohlfahrtspflege (LAMPERT ET AL. 2004: 457).

2 Rentenversicherung in Deutschland

2.1 Ziele

Bedingt durch die Industrialisierung im 19. Jahrhundert und die Herausbildung einer Arbeiterschicht gewann die Sozialpolitik immer mehr an Bedeutung. So kam es unter Bismarcks Reichskanzlerschaft zur Einführung einer Sozialversicherung. Dazu gehörte auch eine Alterssicherung, die mit dem Invaliditäts- und Alterssicherungsgesetz vom 22. Juli 1889 eingeführt wurde (LAMPERT ET AL. 2004: 68). Gründe für die Einführung einer Sozialversicherung waren vor allem die Erstarkung der Arbeiterbewegung und die Verbesserung der sozialen Lage der Arbeiter. Somit kann als Ziel die Förderung des Wohls der Arbeiter genannt werden (LAMPERT ET AL. 2004: 67). Dieses Gesetz hat die grundlegende Struktur der heutigen Alterssicherung geschaffen (RIBHEGGE 2004: 101). Durch viele Gesetze wurde die Rentenversicherung seit ihrer Einführung geändert und reformiert. Ziel der Rentenversicherung ist heute wie auch bei Einführung die Absicherung der Arbeitnehmer im Ruhestand. Die Regelungen über die gesetzliche Rentenversicherung finden sich im Sozialgesetzbuch (SGB) VI.

2.2 Versicherte

Versicherungspflichtig in der gesetzlichen Rentenversicherung sind alle Personen, die gegen Arbeitsentgelt oder in der Berufsausbildung beschäftigt sind (§ 1 Nr. 1 SGB VI). Weiterhin sind auch Selbstständige von der Versicherungspflicht erfasst, wenn sie keinen versicherungspflichtigen Arbeitsnehmer beschäftigen. Dazu gehören Lehrer, Erzieher und Pflegepersonal. Die Pflichtversicherung gilt auch für Künstler, Schiffer und Gewerbetreibende, die in die Handwerksrolle eingetragen sind (§ 2 SGB VI). Die Versicherungspflicht kann auch beantragt werden. Dieses ist in § 4 SGB VI geregelt. Diese Möglichkeit betrifft vor allem Menschen, die für eine bestimmte Zeit im Ausland arbeiten und Entwicklungshelfer. Die Versicherungsfreiheit gilt nach § 5 SGB VI für Beamte, Richter, Berufs- und Zeitsoldaten, teilweise Angehörige von Kirchen sowie geringfügig Beschäftigte. Von der Versicherungspflicht befreit sind Selbstständige, die aufgrund gesetzlicher Anordnung Pflichtmitglied einer berufsständischen Versorgungseinrichtung sind (§ 6 Abs. 1 SGB VI), Lehrer und Erzieher, die an nicht öffentlichen Schulen beschäftigt sind (§ 6 Abs. 2 SGB VI) sowie Handwerker, die mindestens 18 Jahre lang Pflichtbeiträge gezahlt haben (§ 6 Abs. 4 SGB VI). Die Möglichkeit einer freiwilligen Versicherung besteht für nicht versicherungspflichtige Personen (§ 7 Abs. 1 SGB VI). Personen, die versicherungsfrei bzw. von der Versicherung befreit sind, können nur unter bestimmten Auflagen in die gesetzliche Rentenversicherung eintreten (§ 7 Abs. 2 SGB VI).

2.3 Leistungen

Die Aufgabe der Rentenversicherung ist es, das Risiko im Alter abzudecken, also den Einkommensausfall zu kompensieren (RIBHEGGE 2004: 105).

2.3.1 Rehabilitationsmaßnahmen

Das Leistungsspektrum der Rentenversicherung umfasst Rehabilitationsmaßnahmen, um die Erwerbsfähigkeit des Versicherten zu gewährleisten (§ 9 SGB VI). Diese Leistungen werden nur unter bestimmten persönlichen sowie versicherungsrechtlichen Voraussetzungen gewährt. Dazu gehören beispielsweise eine bestimmte Versicherungszeit oder eine sonst drohende verminderte Erwerbsfähigkeit und damit verbundene Rente (§ 11 SGB VI). Diese Leistungen werden jedoch nicht bei Arbeitsunfällen oder Berufskrankheiten gewährt (§ 12 Abs. 1 SGB VI). Weiterhin werden von der Rentenversicherung Kuren gezahlt, Rehabilitationseinrichtungen unterstützt und Heilbehandlungen für die Kinder von Versicherten bezahlt (§ 31 SGB VI).

2.3.2 Renten

Die Renten sind die Hauptaufgabe der gesetzlichen Rentenversicherung. Sie haben eine Lohnersatzfunktion (RIBHEGGE 2004: 106). Es gibt verschiedene Arten von Renten: die Rente wegen Alters, wegen verminderter Erwerbsfähigkeit und die Rente wegen Todes.

Die Regelaltersrente ist die bekannteste Rentenart. Sie währt mit Vollendung des 67. Lebensjahres und nach Erfüllung der allgemeinen Wartezeit von 5 Jahren gewährt (§ 35 SGB VI). Für Versicherte, die über 35 Jahre versichert sind, ist die Möglichkeit der Inanspruchnahme der Altersrente schon mit Vollendung des 63. Lebensjahres möglich (§ 36 SGB VI). Schwerbehinderte können unter den gleichen Voraussetzungen schon mit Vollendung des 62. Lebensjahres die Altersrente in Anspruch nehmen (§ 37 SGB VI). Erleichterungen bei den Voraussetzungen für die Altersrenten gibt es für Bergleute. Hinsichtlich der Inanspruchnahme der Rente besteht auch die Möglichkeit einer Teilrente unter Einschränkung der Arbeitsleistung (§ 42 III SGB VI).

Die Bestimmungen und Voraussetzung über die Rente wegen Erwerbsminderung finden sich in §§ 43-45 SGB VI. Eine Erwerbsminderung liegt vor, wenn die betroffene Person nicht imstande ist, unter normalen Bedingungen, auf unabsehbare Zeit mindestens 6 Stunden täglich zu arbeiten. Für diesen Fall ist nach bestimmten Wartezeitkriterien eine Erwerbsminderungsrente bis zum Erreichen der Regelaltersgrenze vorgesehen. Auch hier gibt es wieder gesonderte Regelungen für unter Tage beschäftigte Bergleute.

Dic dritte Rentenart ist diejenige wegen Todes. Die Witwen- oder Witwerrente gibt es in zwei verschiedenen Formen als kleine und große Witwenrente. Bei der kleinen Witwenrente hat der überlebende Ehegatte einen Anspruch auf Rente, der für 24 Monate besteht, wenn er nicht wieder heiratet und der verstorbene, versicherte Ehegatte die allgemeine Wartezeit erfüllt hatte (§ 46 I SGB VI). Dieser Rentenanspruch kann auf die so genannte große Witwenrente bestehen, wenn bestimmte Voraussetzungen vorliegen. Nach § 46 II SGB VI hat der überlebende Ehepartner Anspruch auf eine große Witwenrente, wenn er oder sie ein noch nicht volljähriges Kind erzieht, das 47. Lebensjahr vollendet hat oder erwerbsgemindert ist. Für den Rentenanspruch muss die Dauer der Ehe regelmäßig mindestens ein Jahr betragen (§ 46 Abs. 2a SGB VI). Beim Tod des geschiedenen Ehepartners und Vorhandensein eines noch zu erziehenden Kindes besteht die Möglichkeit einer Erziehungsrente gemäß § 47 SGB VI. Weitere Renten wegen Todes sind die Halb- und Vollwaisenrente für die Kinder von Verstorbenen. Halbwaisenrente wird nach § 48 Abs.1 SGB VI gewährt, wenn ein Elternteil stirbt, das die allgemeine Wartezeit erfüllt hat, und der andere Elternteil unterhaltspflichtig ist. Die Möglichkeit der Vollwaisenrente hat ähnliche Voraussetzungen mit dem Unterschied, dass der überlebende Elternteil nicht unterhaltspflichtig ist nach § 48 Abs. 2 SGB VI. Dabei werden auch Stief- und Pflegekinder, sowie andere zu unterhaltende und in den Haushalt aufgenommene Kinder berücksichtigt. Dieser Anspruch besteht grundsätzlich bis zum 18. Lebensjahr bzw. ausnahmsweise bis zur Vollendung des 27. Lebensjahres, wenn sich der Rentennehmer in Schul- oder Berufsausbildung befindet bzw. behindert ist (§ 47 Abs. 4 SGB VI).

Die Höhe der Rente richtet sich grundsätzlich nach der Höhe des Arbeitseinkommens während der Versicherungszeit (§ 63 Abs. 1 SGB VI). Dabei erfolgt eine Umrechnung des Arbeitseinkommens eines Kalenderjahres in Entgeltpunkte. Der Rentenwert berechnet sich mit dem Wert der Faktoren bei Rentenbeginn, indem man die Entgeltpunkte mit dem Rentenartfaktor und dem Rentenwert multipliziert (§ 64 SGB VI). Die Renten werden jährlich zum 1. Juli angepasst (§ 65 SGB VI).

2.4 Organisation

Die Rentenversicherung wird von 23 Landesversicherungsanstalten und die durch die Reform 2005 entstandene Knappschaft Bahn-See (LAMPERT 2004: 279; http://www.kbs.de/lang_de/nn_12078/DE/4__ueber__uns/8__geschichte/1__knappschaft/zeittafel/InhaltsNav,gtp=12090__3D2.html__nnn=true) getragen. Durch die Organisationsreform entstand die Deutsche Rentenversicherung Bund als Zusammenschluss der Bundesversicherungsanstalt für Angestellte und dem Verband Deutscher Rentenversicherungsträger, zusammen treten alle Rentenversicherungsträger als „Deutsche Rentenversicherung“ auf (URL: http://www.deutsche-rentenversicherung.de/nn_23920/SharedDocs/de/Navigation/Deutsche__RV/unternehmensprofil/Organisationsreform__node.html__nnn=true).

2.5 Finanzierung

Die Rentenversicherung finanziert sich aus Beiträgen, die von Arbeitnehmern und Arbeitgebern aufzubringen sind, aus Bundeszuschüssen und aus den Beiträgen der Trägern von Lohnersatzleistungen (LAMPERT ET AL. 2004: 279-280). Laut Deutscher Rentenversicherung beträgt der Beitragsanteil, der aus dem Arbeitsentgelt finanziert wird, 19,9 % des Einkommens. Dieser Beitrag wird zur Hälfte vom Arbeitnehmer und vom Arbeitgeber gezahlt. Die staatlichen Zuschüsse spielen eine wichtige Rolle bei der Finanzierung. Sie belaufen sich auf ca. 25 % der Versicherungsausgaben (ebenda: 280). Im Jahr 2005 betrugen die Beitragseinnahmen 167,6 Milliarden Euro, wovon 85 % Pflichtbeiträge aus Beschäftigung, 6,3 % Beiträge der Bundesagentur für Arbeit und 7 % Beiträge für Kindererziehung waren. Der allgemeine Bundeszuschuss betrug 37,5 Milliarden Euro und der zusätzliche Bundeszuschuss betrug 17,3 Milliarden Euro (DEUTSCHE RENTENVERSICHERUNG 2006: 8). Die Einnahmen betrugen 224,2 Milliarden Euro und dem standen Ausgaben in Höhe von 228,1 Milliarden Euro gegenüber, so dass sich ein Defizit von ca. 4 Milliarden Euro ergab (DEUTSCHE RENTENVERSICHERUNG 2006: 7).

2.6 Umverteilung

Kernbereich von staatlicher Umverteilung ist die Sozialpolitik. Dieses System schützt vor allem Bedürftige (KUMPMANN 2005: 40). Die Rentenversicherung beruht auf dem Versicherungsprinzip bzw. Äquivalenzprinzip. RIBHEGGE (2004: 45) beschreibt als kennzeichnend für dieses Prinzip das Leistungsprinzip, das heißt, dass Leistungen gegen andere Leistungen getauscht werden. Auf die Rentenversicherung bezogen bedeutet das, dass sich die Höhe der Rente (=Versicherungsleistung) nach der Höhe und Dauer der Beiträge des Versicherten (=Leistung des Versicherten) bestimmen.

Versicherungen sind Umverteilungsinstitutionen. Bei der Rentenversicherung tritt vor allem eine Umverteilung von den Jungen zu den Alten ein (KUMPMANN 2005: 36). Ein Umverteilungseffekt ist die intertemporale Umverteilung. Die Versicherten zahlen heute Beiträge, reduzieren ihr Einkommen und erhalten deshalb später eine Rente (RIBHEGGE 2004: 132). Zu einer Umverteilung zwischen den Generationen kann es kommen, wenn eine Generation verhältnismäßig mehr Sozialleistungen bekommt wie dies mit Einführung der dynamischen Rente 1957 passierte oder verhältnismäßig schlechter steht, wie z.B. durch die Entwicklung der Rentnerquote. Gründe für Umverteilungseffekt sind vor allem die Außerachtlassung standardisierter Risikokriterien, vielmehr werden im Rahmen der Rentenversicherung auch familienpolitische Ziele wie die Mitversicherung nicht erwerbstätiger Familienmitglieder verfolgt (LAMPERT ET AL. 2004: 313).

Vertikale Umverteilung kann dadurch entstehen, dass bei beitragsfinanzierten Leistungen, Leistungen gewährt werden, die nicht äquivalent zum Beitrag sind wie beispielsweise die Anrechnung beitragsfreier Zeiten. Der Staat verfolgt also vertikale Umverteilungsziele und auch soziodemographische. Aufgrund der proportionalen Ausgestaltung der Beiträge zur Rentenversicherung entsteht vor allem eine Belastung der einkommensschwächeren Haushalte (LAMPERT ET AL. 2004: 314).

2.7 Probleme

Bei der gesetzlichen Rentenversicherung besteht ein zentrales Problem in der demographischen Entwicklung der Bevölkerung. In den nächsten Jahrzehnten ist aufgrund niedriger Geburtenraten und des Anstiegs der Lebenserwartung der Menschen mit einem Anstieg der Rentnerquote zu rechnen. Unter der Rentnerquote versteht man den Quotienten aus der Zahl der Rentenempfänger und der Beitragszahler. Momentan liegt dieser Quotient bei ca. 53 %, aber es ist in den nächsten 20 Jahren mit einem Anstieg auf bis zu 88 % zu rechnen (LAMPERT ET AL. 2004: 281). Dies macht deutlich, dass erhebliche Finanzierungsprobleme gelöst werden müssen, denn sonst droht ein Konflikt zwischen den Generationen.

Die Alterssicherung der Frauen ist ein weiteres Thema, was noch besserer Regelungen bedarf. Auch die Unterversorgung im Alter ist ein Bereich, der auch eng mit der Frauenproblematik verwoben ist. Frauen, die nicht erwerbstätig sind beispielsweise aufgrund von Kinderbetreuung sind nicht gegen Invalidität abgesichert. Diese fehlende Versicherung kann auch die Unterversorgung auslösen, da viele Frauen nach der Geburt der Kinder nicht mehr erwerbstätig sind und im Alter nur durch Witwenrente abgesichert sind. In diesem Bereich gab es jedoch einige Neuerungen in den letzten Jahren (LAMPERT ET AL. 2004: 284).

3 Alterssicherung der Landwirte vor 1995

Die Rechtsgrundlage dieser Arbeit für die Alterssicherung vor 1995 bildet das Gesetz über eine Altershilfe für Landwirte in der Fassung der Bekanntmachung vom 14.September 1965 mit dem Stand vom 15.Juni 1992.

3.1 Geschichte, Ziele und Aufgaben

Ursprünglich stützte sich die bäuerliche Altersversorgung ausschließlich auf die Familie, den Grundbesitz und die Erzeugnisse des Hofes. Dadurch entwickelten sich Systeme wie das Altenteil[2] und das Nießbrauchsrecht[3] (GEIER 1975: 3). Die landwirtschaftliche Alterssicherung wurde im Jahr 1957 mit dem Gesetz über eine Altershilfe für Landwirte (GAL) eingeführt. Die Gründe für die Einführung der landwirtschaftlichen Altershilfe waren nicht unbedingt die gleichen wie diejenigen bei der Einführung der allgemeinen Rentenversicherung, die die Vollversorgung im Alter anstrebte. Ziel der Altershilfe der Landwirte war die Deckung des Bargeldbedarfs des Altenteilers, also nur eine ergänzende Leistung (SPITZENVERBÄNDE DER LANDWIRTSCHAFTLICHEN SOZIALVERSICHERUNG 2007: 130). Der Bargeldbedarf war aufgrund vielfältiger Einflüsse gestiegen und es war oft schwierig für den Betriebsinhaber, diesen Mehrbedarf aufzubringen. Viele Landwirte lebten nach der Hofübergabe oft in unwürdigen Verhältnissen (GEIER 1975: 12). Weiteres Ziel des Gesetzgebers war es, die Überalterung der Betriebsinhaber zu verhindern, indem die Hofabgabe als Voraussetzung für die Gewährung der Altershilfe bestimmt wurde (ALZINGER 2005: 158). Im Laufe der Geltungszeit des Gesetzes kam es zu zahlreichen Änderungen, wie beispielsweise zur Ausweitung der Versicherungspflicht (1961/62), zur Einführung von Witwengeld (1963), zur Ausweitung des Leistungsspektrums durch Rehabilitationsmaßnahmen und Haushalts- und Betriebshelfers (1965), zur Einführung der Landabgaberente (1969), zur Einführung von Waisengeld (1975), zum Ende der Landabgaberente (1983) und zur Einführung der Produktions-

---

[2] Das Altenteil ist ein Begriff für lebenslange Versorgungsleistungen des Hofnachfolgers an den Hofübergeber.

[3] Das Nießbrauchsrecht ist in § 1030 I Bürgerliches Gesetzbuch definiert als Recht einer Person, Nutzungen der Sache zu ziehen.

aufgaberente (1990) (SPITZENVERBÄNDE DER LANDWIRTSCHAFTLICHEN SOZIALVERSICHERUNG 2007: 132-136).

3.2 Träger

Als Träger sind die landwirtschaftlichen Alterskassen vorgesehen. Dieses wird in § 16 GAL bestimmt, der besagt, dass bei jeder landwirtschaftlichen Berufsgenossenschaft eine Alterskasse eingerichtet werden soll. Die Aufsicht über diese Alterskassen wird von den gleichen Stellen wahrgenommen wie diejenige Aufsicht über die landwirtschaftlichen Berufsgenossenschaften (§ 18 GAL). Die landwirtschaftlichen Alterskassen schließen sich laut § 22 GAL zum Gesamtverband der landwirtschaftlichen Alterskassen zusammen, der beim Bundesverband der landwirtschaftlichen Berufsgenossenschaften errichtet wird. Dieser Gesamtverband hat die Rechtsform der Körperschaft des öffentlichen Rechts. Die Aufsicht über diesen Verband hat das Bundesversicherungsamt (§ 22 Abs. 5 GAL). Der Gesamtverband ist für die Verteilung der Bundesmittel zuständig. Die Organe des Gesamtverbandes sind der Vorstand und die Vertreterversammlung (§ 23 GAL). In die Vertreterversammlung werden aus jeder Alterskasse zwei Mitglieder des Vorstandes entsendet. Aus der Vertreterversammlung konstituiert sich der Vorstand.

3.3 Versicherte

Regelungen über den Kreis der Versicherten sind an zwei Stellen zu finden. In § 17 Abs. 1 GAL ist bestimmt, dass jeder landwirtschaftlicher Unternehmer Mitglied der Alterskasse in seinem Wohnbezirk ist. Der Begriff „Landwirtschaftlicher Unternehmer“ umfasst alle Unternehmer der Land- und Forstwirtschaft inklusive Wein-, Obst-, Gemüse- und Gartenbau sowie Teichwirtschaft und Fischzucht, deren Existenzgrundlage auf der Bodenbewirtschaftung beruht (§ 1 Abs. 3 GAL). Dazu zählen nach § 1 GAL ehemalige und noch wirtschaftende landwirtschaftliche Unternehmer, (ehemalige) mitarbeitende Familienangehörige und Ehegatten und Hinterbliebene. Familienangehörige (auch Pflegekinder) sind bis zum dritten Grad[4] der Verwandtschaft mit einbezogen und Verschwägerte bis zum zweiten Grad (§ 1 Abs. 2 GAL). Der Kreis der Versicherten wurde seit Einführung der Alterssicherung stetig erwei-

[4] Der Grad der Verwandtschaft bestimmt laut § 1589 Abs. 1 Satz 3 BGB nach der Zahl der sie vermittelnden Geburten. Das gleiche gilt für Schwägerschaften.

tert wie durch die Mitversicherung der mitarbeitenden Familienangehörigen (WIRTH 2007: 96).

3.4 Finanzierung

Vorschriften über die Finanzierung des Alterszuschusses finden sich im dritten Abschnitt des Gesetzes unter dem Titel „Aufbringung der Mittel“ (§§ 12 ff. GAL). Die Finanzierung besteht aus drei Teilen: Beitragszahlungen, Bundesmittel und sonstige Einnahmen gemäß § 12 Abs. 1 GAL. Sonstige Einnahmen sind Zinsen oder Ordnungsstrafen (BRANDMÜLLER 1993: 66 (6)).

Die Beitragspflicht ist in § 14 GAL geregelt. Grundsätzlich müssen jeder landwirtschaftliche Unternehmer und jeder, der landwirtschaftlich krankenversichert ist, Beiträge zahlen. Auch von der Versicherungspflicht befreite mitarbeitende Familienangehörige müssen Beiträge zahlen, wenn sie älter als 25 Jahre sind um am 1.Mai 1980 noch nicht 50 Jahre alt waren. Befreiungen von der Beitragspflicht sind möglich, wenn eine anderweitige Rentenversicherung besteht. Der Unternehmer hat auch den Beitrag für die mitarbeitenden Familienangehörigen zu tragen. Bei einem Ehegattenhof ist derjenige beitragspflichtig, der das Unternehmen überwiegend leitet.

Die Beiträge sind monatlich zahlbar und für alle Unternehmer gleich, jedoch kann es auch Beitragszuschüsse geben. Der Beitrag für mitarbeitende Familienangehörige beträgt die Hälfte des Unternehmerbeitrages (§ 12 GAL). Das führt jedoch auch zu einem nur halb so hohen Leistungsanspruch (BRANDMÜLLER 1993: 66 (6)). Nach § 3c GAL erhalten Landwirte und die mitversicherten Familienangehörigen einen Beitragszuschuss, wenn das Einkommen und der Wirtschaftswert[5] einen bestimmten Grenzwert unterschreiten. Die Obergrenze für den Beitragszuschuss wird anhand des Einkommenspotentials eines landwirtschaftlichen Unternehmens mit einem Wirtschaftswert von 30 000 DM ermittelt. Nach dieser Methode kam für ca. die Hälfte der landwirtschaftlichen Unternehmen einen Beitragszuschuss in Frage. Der Grenzwert wird berechnet, indem das Einkommen des Berechtigten des Vorjahres in Relation setzt zu dem 1,6fachen der Bezugsgröße des laufenden Jahres und den Wirtschaftswert des Unternehmens zu einem Wirtschaftswert von 40 000 DM in Relation

[5] Nach § 1 Abs. 5 GAL ist der Wirtschaftswert ein von den Finanzbehörden nach den Vorschriften des Bewertungsgesetzes ermittelter Wirtschaftswert für das land- und forstwirtschaftliche Vermögen und wird jährlich im Einheitswertbescheid erfasst.

setzt. Diese beiden ermittelten Werte dürfen die Zahl 100 nicht überschreiten (BRANDMÜLLER 1993: 46 (16)). Als weiterer Zuschuss kann ein Zuschlag zur eigenen Sozialkostenentlastung für jeden mitarbeitenden Familienangehörigen gewährt werden, der in der Landwirtschaftlichen Krankenversicherung versicherungspflichtig ist. Dieser wird in fünf Abstufungen gewährt und hat bestimmte Voraussetzungen (BRANDMÜLLER 1993: 66 (7)).

Im Jahr 1992 beispielsweise betrug der monatliche Beitrag für einen Unternehmer 269 DM. Das System der Zuschüsse sieht elf Zuschussklassen vor. In der ersten Zuschussklasse verbleibt für den Unternehmer ein noch zu zahlender Nettobeitrag von 26 DM. In der elften Zuschussklasse erhielt ein Unternehmer noch einen Zuschuss von 58 DM, so dass er noch 211 DM monatlich zu zahlen hatte (BRANDMÜLLER 1993: 48 (14)).

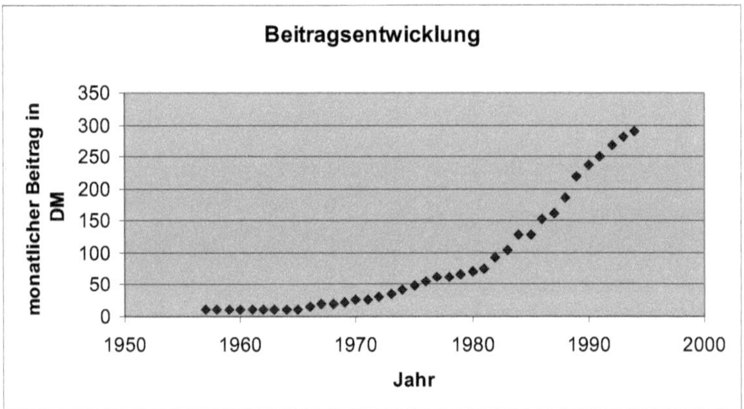

Abbildung 1: Beitragsentwicklung bis 1995, Quelle: eigene Darstellung, Landwirtschaftliche Sozialversicherung Niedersachsen-Bremen.

Wie aus der Graphik deutlich wird, hat sich der Beitrag seit Einführung des Systems im Jahre 1957 von 10 DM bis 1993 auf fast 300 DM monatlich erhöht. Dies ist zurückzuführen auf die Einführung Dynamisierung der Altersgelder im Jahr 1973. Hinzukommend war noch ein Beitragszahlerschwund aufgrund struktureller Entwicklungen. Seit dem Jahr 1989 überwogen die Leistungsempfänger (537 279) im Verhältnis zu den Beitragszahlern (510 438) (ROMBACH 1995: 25).

3.5 Leistungen

Die Leistungen der Altershilfe für Landwirte finden sich in §§ 2 ff. GAL. Die Leistungen der Alterskasse umfassen vor allem das Altersgeld. Das landwirtschaftliche Altersgeld ist von Leistungen der Gesetzlichen Rentenversicherung abzugrenzen. Es ist keine Rente, denn es sichert keine Vollversorgung und gegen eine Rente sprechen weiterhin die Voraussetzungen (BRANDMÜLLER 1993: 36 (1)). Das Altersgeld erhält ein landwirtschaftlicher Unternehmer unter folgenden Voraussetzungen: Er muss das 65 Jahre alt sein, bis zum 60. Geburtstag für mindestens 180 Monate Beiträge gezahlt haben und den Betrieb abgegeben haben (§ 2 Abs. 1 GAL). Gegen die Renteneigenschaft spricht die Voraussetzung der Hofübergabe (BRANDMÜLLER 1993: 36 (2)). Mitarbeitende Familienangehörige erhalten auch bei Vollendung des 65. Lebensjahres Altergeld, jedoch müssen sie bestimmte Versicherungszeiten erfüllt haben. Sie müssen seit Beginn der Versicherung mindestens 180 Monate Beiträge gezahlt haben oder die letzten 25 Jahre vor Vollendung des 65. Lebensjahres mindestens 180 Monate Beiträge gezahlt haben (§ 2 Abs. 1a GAL). Hinsichtlich der Abgabe ist noch zu erwähnen, dass die Abgabe nicht an den Ehegatten erfolgen darf nach § 2 Abs. 4 GAL.

Eine weitere Leistung der Alterskassen ist das vorzeitige Altersgeld für landwirtschaftliche Unternehmen. Es ist an verschiedene Voraussetzungen geknüpft. Der Landwirt muss erwerbsunfähig nach dem SGB VI sein, für mindestens 60 Monate bis zu seinem 60. Geburtstag oder zum Eintritt der Erwerbsunfähigkeit Beiträge an die Alterskasse gezahlt haben und das Unternehmen abgegeben haben (§ 2 Abs. 2 GAL). Für die Beurteilung der Erwerbsunfähigkeit landwirtschaftlicher Unternehmer müssen die mit der Hofübergabe verbundenen Besonderheiten beachtet werden. So hat das Bundessozialgericht festgestellt, dass bei der Beurteilung der Erwerbsunfähigkeit eines Landwirts die örtliche Bindung durch das Altenteil an den Betrieb, da ihm Versorgungsleistungen aus diesem zufließen, beachtet werden muss. Somit können Erwerbsmöglichkeiten, die einen Umzug beinhalten, nicht beachtet werden (BRANDMÜLLER 1993: 36 (6)-(7)). Für mitarbeitende Familienangehörige sind die

Voraussetzungen ähnlich bei Gewährung eines vorzeitigen Altersgeldes. Sie erhalten vorzeitiges Altersgeld, wenn sie erwerbsunfähig sind und von Beginn der Versicherung mindestens die Hälfte der Zeit mit der Einschränkung mindestens 60 Monate Beiträge gezahlt hat oder in den letzten 10 Jahren vor Erwerbsunfähigkeit mindestens 60 Monate beitragspflichtig versichert war (§ 2 Abs. 2a GAL).

Die Alterhilfe der Landwirte sieht auch eine Absicherung für Witwen und Witwer landwirtschaftlicher Unternehmer vor. Diese gilt nur, wenn der Verstorbene Anspruch auf Altersgeld hatte und die Witwe mindestens 60 Jahre alt bzw. der Witwer mindestens 65 Jahre alt ist (§ 3 Abs. 1 GAL). Vorzeitiges Altersgeld erhalten sie, wenn der Verstorbene einen Anspruch darauf hatte oder sie selbst erwerbsunfähig sind. Sie dürfen jedoch nicht landwirtschaftlicher Unternehmer sein. Als Voraussetzung für das Altersgeld ist eine Versicherungszeit von 180 Monaten nötig bzw. 60 Monate beim vorzeitigen Altersgeld. Dabei werden auch Beiträge angerechnet, die vom überlebenden Ehegatten nach dem Tod des anderen entrichtet werden (§ 3 Abs. 3,4 GAL). Diese Regelung gilt entsprechend für den überlebenden Ehegatten mitarbeitender Familienangehöriger, wobei die Voraussetzungen für die Gewährung von (vorzeitigem) Altersgeld nach § 2 GAL auch anwendbar sind gemäß § 3 Abs. 4a GAL.

Geschiedene Ehegatten haben auch einen Anspruch auf Altersgeld, wenn die Ehe vor dem 1.Juli 1977 geschieden, aufgehoben oder für nichtig erklärt wurde und in Ehezeiten Beiträge an die Alterskasse entrichtet wurden (§ 3 Abs. 5 GAL). Für sie gelten die gleichen Voraussetzungen für die Gewährung des Altersgeldes wie für überlebende Ehegatten.

Ebenso wie in der Gesetzlichen Rentenversicherung besteht auch für Waisen ein Anspruch auf Waisengeld unter bestimmten Voraussetzungen. Die Kinder dürfen nicht landwirtschaftlicher Unternehmer sein und der Verstorbene muss bis zu seinem Tod bzw. zu seinem 60.Geburtstag mindestens 60 Kalendermonate Beiträge an die Alterskasse gezahlt haben, wobei auch Beiträge von vorverstorbenen Ehegatten angerechnet werden (§ 3a Abs. 1 GAL). Kinder mitarbeitender Familienangehöriger erhalten unter den schon beschriebenen Voraussetzungen für das vorzeitige Altersgeld mitarbeitender Familienangehöriger Waisengeld (§ 3a Abs. 1a GAL). Für die Dauer des Waisengeldes gelten die allgemeinen Regelungen der Gesetzlichen Rentenversicherung. Kein Waisengeld ist für den Fall vorgesehen, dass das Kind sich nach

Vollendung des 18. Lebensjahres in einem Ausbildungsverhältnis mehr als 1000 DM Bruttogehalt verdient (§ 3a Abs. 2 Satz 2 GAL).

Eine weitere Absicherung für den Hinterbliebenen beim Tod des Unternehmers ist das Hinterbliebenengeld. Wenn der überlebende Ehegatte trotz möglicher Betriebs-, Haushalts- oder Übergangshilfe das landwirtschaftliche Unternehmen abgibt, erhält er beim Vorliegen der Voraussetzungen des § 3b Abs. 1 Nr. a-f GAL Hinterbliebenengeld. Zu diesen Voraussetzungen gehört beispielsweise ein Alter von 45 Jahren, gewisse Versicherungszeiten und dass der Hinterbliebene nicht landwirtschaftlicher Unternehmer ist. Die überlebenden Ehegatten von verstorbenen mitarbeitenden Familienangehörigen können dieses Geld unter bestimmten Voraussetzungen auch erhalten nach § 3b Abs. 2 GAL.

Die Höhe des Altersgeldes und des vorzeitigen Altersgeldes wurden für den 1. Juli 1991 auf 655,40 DM für verheiratete Berechtigte und auf 437,20 DM für unverheiratete Berechtigte festgesetzt (§ 4 Abs. 1 GAL). Das Hinterbliebenengeld wird in gleicher Höhe wie das Altersgeld für Unverheiratete gezahlt. Zum 1.Juli eines Jahres werden die Beträge an die Veränderungen der Renten der gesetzlichen Rentenversicherung angepasst nach § 4 Abs. 1 Satz 3 GAL.

Die Berechnung des Altersgeldes erfolgt aufgrund einer Differenzierung nach Familienstand und einer jährlichen Dynamisierung nach 15 Beitragsjahren um 3 %:

$$AG_{s,k,t} = GR_{s,k,t} \cdot [\, 1 + 0{,}03 \cdot (BJ - 15)\,]$$

AG = Altersgeld; GR = Altersgeldgrundbetrag; BJ = Zahl der Beitragsjahre; s = selbstständige Landwirte; k = Familienstandskategorie; t = Kalenderjahre (HAGEDORN 1981: 268).

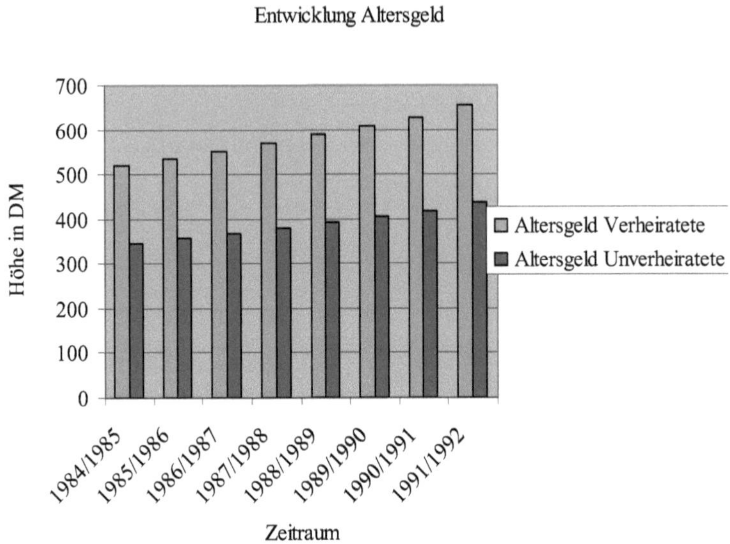

Abbildung 2: Entwicklung Altersgeld, Quelle: eigene Darstellung, BRANDMÜLLER 1993: 48 (2).

Die angegebenen Beträge sind Grundbeträge. Das Altersgeld kann um drei Prozent je zwölf Monate erhöht werden, wenn Beiträge für Monate gezahlt wurden, die über die Monatszahl von 180 hinausgehen vor Vollendung des 65. Lebensjahres (BRANDMÜLLER 1993: 48 (2)). Halbwaisen erhalten ein Viertel des für Unverheiratete festgesetzten Betrages und Vollwaisen die Hälfte des Betrages (§ 4a GAL).

Weitere Leistungen der Alterskassen sind Maßnahmen zur Rehabilitation, um eine Erwerbsunfähigkeit zu vermeiden. Dazu gehören nach § 7 GAL die stationäre Heilbehandlung und die Gewährung von Betriebs- und Haushaltshilfe. Bei einem stationären Aufenthalt des Unternehmers bzw. seines mitarbeitenden Ehepartners kann diese Hilfe höchstens drei Monate gewährt werden (§ 7 Abs. 3 GAL). Wenn der Ehegatte nach dem Tod des Unternehmers den Betrieb weiterführen möchte, so kann, wenn die Hilfe notwendig ist, zur Aufrechterhaltung des Betriebes eine zwölfmonatige Betriebs- oder Haushaltshilfe gewährt werden nach § 8 GAL, wobei nach sechs Monaten eine Selbstbeteiligung an den Kosten zu erbringen ist. Als Alternative zur Betriebs- oder Haushaltshilfe kommt die Zahlung von Übergangshilfe nach § 9 GAL in Frage. Diese werden bis zur Vollendung des 60. Lebensjahres einer Witwe bzw. des 65. Lebensjahres eines Witwers gewährt, wenn bestimmte Voraussetzung wie die Fortführung des Unternehmens, das Vorhandensein minderjähriger Kinder, ein Wirtschaftswert unter 30 000 DM, eine Versicherungszeit des Verstorbenen von 60 Monaten usw. vorliegen. Nach § 4 Abs. 1 Satz 2 GAL wird diese Hilfe in gleicher Höhe wie das Altergeld für einen Unverheirateten gezahlt.

3.6 Problemfelder

Das System der Altershilfe für Landwirte stellt keine Vollsicherung der Landwirte dar. Die Ehefrauen, die oft hart im Betrieb mitarbeiten, sind nur durch Witwenrente nach dem Tod ihres Gatten abgesichert, jedoch ist keine eigenständige Sicherung der Frauen vorgesehen. Weiterhin sind die Ehegatten auch nicht gegen Invalidität abgesichert (HAGEDORN 1981: 267). Auch kann es bei Hofnachfolgern zu Minderversorgungen im Alter kommen, wenn diese erst als mitarbeitende Familienangehörige versichert waren und erst zu einem späten Zeitpunkt in die Unternehmerversicherung wechseln, so dass sie keine ausreichende Alterssicherung schaffen können (HAGEDORN ET AL. 1978: 15). Die Versorgung der mitarbeitenden Familienangehörigen im Alter stellt ein Problem dar, denn sie erhalten nur den halben Beitrag des Unternehmers und sind meistens nicht weiter abgesichert, da sie nicht über Grundbesitz oder Lebensversicherungen verfügen (HAGEDORN 1981: 273). Zu individuellen Nachteilen kann es bei einem Wechsel von der landwirtschaftlichen Alterskasse in die gesetzliche Rentenversicherung kommen. Die Beiträge zur gesetzlichen Rentenversicherung werden beispielsweise bei einem Wechsel in die landwirtschaftliche Alterskasse nicht angerechnet, so dass es zu einem Verlust von Rentenansprüchen kommt (HAGEDORN 1981: 276).

Weiterhin benötigt das System hohe Bundeszuschüsse (z.B. 415 Millionen DM im Jahr 1992). Das System ist also immer vom Bund abhängig und kann nicht eigenständig finanziert werden. Das Konzept der Altershilfe für Landwirte sah jedoch anders aus: Geplant war, dass sich das System eigenständig über Beiträge finanzieren sollte. Jedoch stieg der Bundeszuschuss im Laufe der Jahre deutlich an von ca. 63 % an der Gesamtfinanzierung im Jahr 1964 auf ca. 70 % 1994, wobei im Jahr 1974 fast 78 % erreicht wurden (ROMBACH 1995: 26). Kritisiert wird, dass das Beitrags-Leistungs-Verhältnis im Gegensatz zur allgemeinen Rentenversicherung äußerst günstig ist aufgrund der hohen Bundeszuschüsse. Diese Zuschüsse werden als intersektorale Umverteilung von Einkommen zu Lasten der Steuerzahler und zugunsten der Landwirte charakterisiert und auch als Beitragssubventionierung bezeichnet (HAGEDORN ET AL. 1975: 24-25). Als Beispiel für diesen Mangel kann angeführt werden, dass ein Landwirte für eine Rente, die der eines Arbeitnehmers entspricht, nur ein Fünftel des Beitrages zahlen muss, den der Arbeitnehmer für die Rente aufbringen muss (HAGEDORN 1981: 272). Der Strukturwandel führt dazu, dass das Verhältnis von Beitragszahlern und Leistungsempfängern sich in immer ungünstigere Relationen bewegt (HAGEDORN ET AL. 1978: 39).

Ein weiterer Kritikpunkt am System der Altershilfe für Landwirte betrifft die Umverteilung. In der gesetzlichen Rentenversicherung werden die Beiträge und auch die Renten anhand des Einkommens des Versicherten festgelegt. Die Alterssicherung der Landwirte kennt eine solche Bindung an das Einkommen nicht. Sinn der Rentenversicherung ist eine intertemporale Umverteilung des Einkommens und der planmäßige Aufbau einer Altersversorgung. Beim landwirtschaftlichen System jedoch kann keine optimale Umverteilung erreicht werden, denn das Altersgeldniveau ist einheitlich (abgesehen von einer Beitragsstaffelung nach Versicherungsdauer), so dass niedrige Einkommen zu einem hohen Anteil, hohe Einkommen aber zu einem niedrigen Anteil auf das Alter umverteilt werden (HAGEDORN 1981: 269).

Durch die Wiedervereinigung Deutschlands musste auch ein Alterssicherungssystem für die Landwirte in den neuen Bundesländern geschaffen werden bzw. diese mussten in das bestehende System integriert werden. Nach dem zur Wiedervereinigung geltenden Recht hatten sie aufgrund fehlender Beitragszeiten nämlich keine Altersgeldansprüche, so dass auch in diesem Bereich Reformbedarf bestand.

Die Einführung der Beitragszuschüsse durch das Dritte Agrarsoziale Änderungsgesetz von 1986, die der Beitragssteigerung hinsichtlich einkommensschwacher Betriebe entgegensteuern sollte, und das Vierte Agrarsoziale Änderungsgesetz mit der Nachfolgeregelung brachten zunächst zwar Leistungsausweitungen, jedoch wies das Zuschusssystem ab 1992 Strukturfehler auf. Die Berechtigtenzahlen sind zu dem Zeitpunkt gesunken aufgrund der geburtenschwachen Jahrgänge des Ersten Weltkrieges und die Bundesmittel stiegen, jedoch stiegen die Altersgeldempfängerzahlen wieder an, so dass es zu einem sozialpolitisch untragbaren Zuschusszahlungssystem kam (ROMBACH 1995: 26). Weiterhin ist bezüglich der Beitragszuschüsse anzumerken, dass diese als Beihilfen gegen den damals geltenden EWG-Vertrag verstoßen haben. Es war zwar erlaubt, Bundesmittel in das landwirtschaftlichen Sozialversicherungssystem einzubringen, aber nicht direkt an die Beitragszahler, denn so handelt es sich um Beihilfen (HEINRICH 1990: 121).

4 Reform von 1995

4.1 Weg zur Reform

Die Reform trat am 1.Januar 1995 in Kraft. Erste Reformforderungen wurden schon Ende der 1970er Jahre gestellt wie beispielsweise durch HAGEDORN ET AL. (1978). Ausgangspunkt für die Reformforderungen waren vor allem der fortschreitende Strukturwandel in der Landwirtschaft und die daraus entstehenden regionalen Betriebsanpassungsmechanismen wie beispielsweise der Nebenerwerb. Weiterhin entwickelte sich das Alterssicherungssystem von einem Bargeldzuschuss zu einer Teilsicherung (ROMBACH 1995: 25). In der Zeit von 1980-1990 scheiterten erste Reformversuche. Es kam nur zu punktuellen Änderungen durch die Agrarsozialen Änderungsgesetze. Die Regelungen des Zuschusssystems sollten laut Viertem Agrarsozialen Änderungsgesetz nur bis zum 31. Dezember 1994 gelten, so dass spätestens zu dem Zeitpunkt Handlungsbedarf bestand, weil sonst dem System erheblich Bundesmittel entzogen worden wären (ROMBACH 1995: 26). In der Regierungserklärung der Bundesregierung vom 30. Januar 1991 wurde für die 12. Legislaturperiode des Bundestages die Reform des Systems angekündigt mit dem Ziel, das System finanziell zu stabilisieren und die Bäuerin abzusichern (DEUTSCHER BUNDESTAG 1991: 77/78). Der Weg bis zur Verabschiedung des Reformwerks war lang, denn erste Vorschläge scheiterten im Bundesrat. Ein erster Schritt zur Reform lag in dem Erlass des Vorschaltgesetzes für 1994, in dem die Zuschussregelung durch die Festsetzung der Zuschussbeiträge für 1994 ersetzt wurde und die Einkommensanrechnungsregelungen für die Alterssicherung der Landwirte denen der gesetzlichen Rentenversicherung angepasst wurden (ROMBACH 1995: 27). Beschlossen wurde das gesamte Reformwerk schließlich im Juli 1994 (MEHL 1999: 256).

4.2 Ziele der Reform

Das Gesetz über die Alterssicherung der Landwirte vom 29. Juli 1994 tritt ab dem 1. Januar 1995 an die Stelle des bisherigen Gesetzes über einer Altershilfe für Landwirte, das zum 31. Dezember 1994 ausgelaufen ist. Laut Gesetzesentwurf der Bundesregierung gab es drei Hauptziele bei der Reform. Erstens sollte die soziale Sicherung der Bäuerin erreicht werden. Die Bäuerin soll eine eigenständige Sicherung erhalten und somit auch beitragspflichtig im System der Alterssicherung werden. Zweitens sollte das System gerechter ausgestaltet und finanziell stabilisiert werden und drittens sollte das ganze System auch auf die neuen Bundesländer übergeleitet werden (DEUTSCHER BUNDESTAG 1993: 1).

4.3 wichtige Änderungen

Die wichtigsten Änderungen sollen im Folgenden dargestellt werden. Das Gesetz zur Reform der agrarsozialen Sicherung (ASRG) 1995 wurde noch im gleichen Jahr einer ersten Änderung unterzogen durch das Gesetz zur Änderung des ASRG, das im Dezember 1995 beschlossen wurde (WIRTH 2007: 97). Beide Gesetze wurden mit einer Mehrheit der Regierung, die aus CDU/CSU und FDP bestand, und der Opposition der SPD verabschiedet.

4.3.1 Kreis der Versicherten

Die Hauptversicherten des Systems sind nach wie vor die landwirtschaftlichen Unternehmer (§ 1 ALG). Entscheidend beim Unternehmer sind das selbstständige Erledigen der Arbeiten und das Betreiben eines Unternehmens (ROMBACH 1995: 30/31). Nach dem neuen Recht sind Unternehmen im Nebenerwerb von der Versicherungspflicht ausgenommen, denn deren Betreiber haben noch eine andere Tätigkeit, durch die sie abgesichert sind (GESAMTVERBAND DER LANDWIRTSCHAFLICHEN ALTERSKASSEN 2006: § 1, 1.5). Die Abgrenzung von Haupt- und Nebenerwerb erfolgt nach der zeitlichen Überwogenheit der jeweiligen Beschäftigung (ebenda: § 1, 1.6). Für die Versicherungspflicht wurde eine Versicherungspflichtuntergrenze in Form einer Mindestbetriebsgröße festgesetzt nach § 1 Abs. 5 ALG. Der Mindestwert bei Ackerbaubetrieben anhand des Wirtschaftswerts bzw. einem Grenzwert desselben bestimmt (ebenda: § 1, 5.1). Die Vorschriften über die mitarbeitenden Familienangehörigen haben im Prinzip nicht geändert. Nach dem neuen Recht kann jedoch die Pflichtversicherung schon mit Vollendung des 20. Lebensjahres beginnen und nicht mehr erst mit dem 25. Lebensjahr wie es nach altem Recht vorgesehen war (ROMBACH 1995: 69).

Neu hinzugekommen ist eine eigenständige Sicherung der Bäuerin. Eingeführt wurde diese in § 1 Abs. 3 ALG. Danach gilt der Ehegatte eines Landwirts, meistens also die Ehefrau, woher auch die Bezeichnung Bäuerinnenrente rührt, auch als Landwirt. Pflichtversichert sind nach dem neuen Recht Ehegatten von Landwirten, die am 1. Januar 1995 das 65. Lebensjahr noch nicht vollendet haben, unabhängig von ihrer Arbeitsleistung im Unternehmen. Eine Befreiungsmöglichkeit besteht auf Antrag für Ehegatten, die am 31. Dezember 1994 verheiratet sind und das 50. Lebensjahr vollendet haben. Jüngere Ehegatten können sich noch bis zum 31. Dezember 1995 befreien lassen, wenn sie eine private Absicherung oder eine Anwartschaft in einem anderen System besitzen, dazu müssten sie beispielsweise 18 Jahre lang Beiträge zur gesetzlichen Rentenversicherung gezahlt haben oder über ein berufsständisches Versorgungswerk abgesichert sein (ROMBACH 1995: 51). Voraussetzungen der Pflichtversicherung sind somit eine bestehende Ehe, wobei die Eheleute nicht dauernd getrennt leben dürfen, und der Ehegatte darf nicht voll erwerbsgemindert sein (GESAMTVERBAND DER LANDWIRTSCHAFTLICHEN ALTERSKASSEN 2006: § 1, 2.1). Begründet wurde die Einführung der eigenständigen Sicherung der Ehegatten, insbesondere der Ehefrau, damit, dass diese größere Hindernisse zu überwinden habe, wenn sie eine außerlandwirtschaftlichen Tätigkeit aufnehmen wolle, um eine eigenständige Absicherung aufzubauen (ebenda). Es gab auch einige Zweifler, die die Rechtmäßigkeit dieser Ehegattenabsicherung in Frage stellten. Das Bundesverfassungsgericht hat jedoch in einem Beschluss hinsichtlich einer Verfassungsbeschwerde einer betroffenen Ehegattin die Vereinbarkeit des Systems mit den Grundrechten festgestellt. Ziel des Gesetzgebers war die Absicherung der Ehegatten im Alter und diese konnte nur durch eine Einbeziehung aller Ehegatten erreicht werden, auch der so genannten Bestandsbäuerinnen. Darunter versteht man Landwirtsehefrauen, die bereits bei Inkrafttreten der Regelung mit dem Landwirt verheiratet waren (BUNDESVERFASSUNGSGERICHT 2004).

Die Ehegatten müssen selbst eine Entscheidung darüber treffen, wer von beiden als echter Unternehmer im Sinne des § 1 Abs. 2 ALG und wer als „fiktiver" Unternehmer nach § 1 Abs. 3 ALG gilt. Diese Regelung gilt jedoch nur für das System der Alterssicherung der Landwirte und hat keine Auswirkungen auf andere Dinge. Für (ROMBACH 1995: 55). Für diese Erklärung haben sie drei Monate Zeit, ansonsten trifft die zuständige Alterskasse eine Entscheidung (ROMBACH 1995: 55/56).

Hinsichtlich der Befreiung der Ehegatten von der Versicherungspflicht gelten für private Lebensversicherungen besondere Anforderungen an deren Leistungen. Die Lebensversicherung muss die Risiken Invalidität und Tod umfassen und darf erst mit Vollendung des 60. Lebensjahres als frühest möglicher Zeitpunkt fällig werden (ebenda: 63). Diese Kriterien können aber auch durch die Kumulation mehrerer Versicherungsverträge erreicht werden. Eine generelle Befreiung von der Alterssicherung durch den Abschluss einer Versicherung mit bestimmten Unternehmen ist nicht möglich, da sich der Gesamtverband der Alterskassen und der Verband der Lebensversicherungsunternehmen auf keine Vereinbarung einigen konnten. Folglich wird jeder Versicherungsabschluss individuell geprüft (ebenda: 65). Eine Befreiung von dem System ist immer mit Vor- und Nachteilen behaftet. Eine Versicherung kann aufgrund des günstigen Beitrags-/ Leistungsverhältnisses und der Erhöhung des Gesamtrentenertrags durch die eigene Rente der Ehefrau vorteilhaft sein. Andererseits können sich bei jüngeren Frauen andere Situationen ergeben, wenn diesen nicht so viele Beitragsjahre des Ehemannes angerechnet werden. Auch muss bei privaten Versicherungen die Konjunkturabhängigkeit beachtet werden (ebenda: 67). Für Ehegatten von ehemaligen Landwirten besteht die Möglichkeit einer freiwilligen Versicherung unter den Voraussetzungen des § 4 ALG.

Für Landwirte, die aus der Versicherungspflicht nicht mehr erfasst werden, besteht auf Antrag die Möglichkeit einer freiwilligen Weiterversicherung nach § 5 ALG. Dazu muss jedoch eine Beitragszeit von fünf Jahren vorliegen, die Wartezeit für das Altersgeld darf noch nicht erfüllt sein, es darf auch noch keine Rente empfangen werden und als Alterskriterium darf das 65. Lebensjahr noch nicht erfüllt sein.

4.3.2 Finanzierung

Die Vorschriften über die Finanzierung sind in §§ 66 ff. ALG zu finden. Der Finanzierungsgrundsatz ist in § 66 ALG festgeschrieben. Danach werden die Ausgaben des Kalenderjahres durch die Einnahmen desselben gedeckt (Abs. 1). Die Einnahmen setzen sich aus den Beiträgen der Mitglieder und den Bundesmitteln zum Ausgleich von Einnahmen und Ausgaben zusammen nach Absatz 2. Mit dem Defizitausgleich stellt der Bund die dauernde Leistungsfähigkeit des Systems sicher nach § 78 ALG. Vor der Reform war der Bundeszuschuss auf einen bestimmten Prozentsatz (77,5 %) der laufenden Ausgaben festgesetzt und das Defizit wurde von den Mitgliedern getragen, was steigende Beiträge zur Folge hatte. Durch die Neuregelung wurde dieses System umgedreht und der Bund muss nun für das Defizit haften (STÜWE 1996: 70). Die Regelung lässt vermuten, dass das ganze System den Steuerzahler mehr belastet als das alte System. ROMBACH (1995: 234) vermutete jedoch, dass der Abbau des Verheiratetenzuschlags zu Einsparungen führen wird, da nun die Bäuerinnen auch Beiträge zahlen müssen. Er sah insgesamt kurzfristige Mehrausgaben, die aber langfristig gesehen sinken werden.

Das Beitragssystem hat auch einige Änderungen durchlaufen. Der Beitrag wird weiterhin als Einheitsbeitrag festgesetzt (ROMBACH 1995: 207). Die neue Beitragsberechnungsmethode wird ab dem 1. Januar 1996 angewandt. Dabei wird die Methode derjenigen der Gesetzlichen Rentenversicherung angeglichen nach § 68 ALG:

Allgemeiner Rentenwert · Beitragssatz in GRV · voraussichtliches Durchschnittsentgelt ÷ aktuellen Rentenwert der GRV – 20 %.

Zunächst muss der Beitrag bestimmt werden, der in der GRV für eine vergleichbare Leistung zahlbar wäre, davon wird dann ein Abschlag von 20 % abgezogen, um dem insgesamt geringeren Leistungsspektrum der landwirtschaftlichen Alterskassen Rechnung zu tragen (STÜWE 1996: 70). Durch die Defizithaftung des Bundes ist mit einer stabileren Beitragssituation zu rechnen.

Der Landwirt ist gegenüber der Alterskasse Beitragsschuldner. Das gleiche gilt für den Ehegatten des Landwirts. Wenn beide Ehegatten in der Alterssicherung der Landwirte versichert sind, so haften sie gesamtschuldnerisch für die Zahlung der Beiträge. Das bedeutet, dass bei Zahlungsverzug des einen der Beitrag auch von dem anderen Ehegatten eingefordert werden kann nach § 70 Abs. 1 ALG. Mitarbeitende Familienangehörigen zahlen wie bisher den halben Betrag, der vom landwirtschaftlichen Unternehmer der Alterskasse geschuldet wird laut § 70 Abs. 1 ALG (ROMBACH 1995: 210).

4.3.3 Beitragszuschüsse

Das System der Beitragszuschüsse stellte ein großes Strukturproblem des GAL dar, denn für sinkende Berechtigtenzahlen standen steigende Mittel zur Verfügung, die eine sozialpolitisch bedenkliche Bezuschussung möglich machten. Die Vorschriften zu den Beitragszuschüssen finden sich nun in §§ 32 ff. ALG. Der Anspruch auf Beitragszuschüsse ist grundsätzlich auf Pflichtversicherte beschränkt (ROMBACH 1995: 215). Dabei darf das Jahreseinkommen des Berechtigten 40 000 DM nicht übersteigen bzw. bei Verheirateten liegt die Grenze bei 80 000 DM, weil jedem Ehegatten das Gesamteinkommen nur zur Hälfte zugerechnet wird. Dabei ist es unerheblich, ob beide Eheleute in der Alterssicherung der Landwirte versicherungspflichtig sind (ROMBACH 1995: 213). Der Beitragszuschuss für die mitarbeitenden Familienangehörigen ist ebenso erhalten geblieben und wird wie vorher auch schon dem Landwirt gewährt, der den Beitrag schuldet (ROMBACH 1995: 214).

Der Begriff des Jahreseinkommens ist in § 32 Abs. 3 ALG genauer definiert: Das Einkommen ist die Summe aus den erzielten positiven Einkünften nach dem Einkommenssteuergesetz, anderen Einkünften sofern sie kein Erwerbsersatzeinkommen sind und dem Erwerbsersatzeinkommen. Zu den Einkommen nach dem Einkommenssteuergesetz gehören: Gewinne aus Land- und Forstwirtschaft, aus dem Gewerbebetrieb, aus selbstständiger Arbeit, aus nichtselbstständiger Arbeit, aus Kapitalvermögen, aus Vermietung und Verpachtung und sonstige Einkünfte. Der Veranlagungszeitraum bestimmt sich nach § 32 Abs. 3 Satz 4 ALG (GESAMTVERBAND DER LANDWIRTSCHAFTLICHEN ALTERSKASSEN 2006: § 32, 2.1/2.2). Zu den Erwerbsersatzeinkommen zählen beispielsweise Krankengeld, Arbeitslosengeld, Renten aus privaten Versicherungen und gesetzlichen Versicherungen (ebenda: § 3, 7.1). Dieses System soll im Folgenden anhand eines Beispiels erläutert werden.

> Ein Landwirt betreibt neben seinem landwirtschaftlichen Betrieb ein Sägewerk und eine Gastwirtschaft. Daraus ergeben sich folgende Einkünfte:
>
> | | |
> |---|---|
> | Landwirtschaft | Gewinn von 25 000 DM |
> | Sägewerk | Verlust von 60 000 DM |
> | Gastwirtschaft | Gewinn von 55 000 DM. |
>
> Bei vollem Verlustausgleich verbliebe ein Gewinn von 20 000 DM. Jedoch ist nur ein Ausgleich innerhalb der verschiedenen Einkommensarten möglich, so

dass das der Gewinn aus der Gastwirtschaft und der Verlust aus dem Sägewerk saldiert werden können, aber der verbleibende Verlust von 5 000 DM kann nicht mit dem Gewinn aus der Landwirtschaft verrechnet werden. Ein Ausgleich zwischen der Landwirtschaft und anderen Einkommensarten ist nicht möglich. Somit verbleibt ein Einkommen von 25 000 DM aus der Landwirtschaft. Durch dieses System soll verhindert werden, dass steuertechnische Abzugsmöglichkeiten zur Begründung eines Anspruchs auf Sozialleistungen führen können (ebenda: § 32, 2.1).

Eine zentrale Neuregelung ist hinsichtlich der Gewinnermittlung bei nicht buchführenden Betrieben, die auch keine Einnahmen-Ausgaben-Überschuss-Rechnung durchführen, zu finden. Nach altem Recht wurde nur auf den Wirtschaftswert der Unternehmen abgestellt. Diese Regelung wurde jedoch als ungerecht empfunden. Bei der neuen Regelung ist nach § 32 Abs. 6 ALG ist ein korrigierter Wirtschaftswert als Maßstab festgelegt. Der korrigierte Wirtschaftswert ergibt sich aus einer Vervielfältigung des Wirtschaftswertes mit den Beziehungswerten, die sich aus dem Verhältnis zwischen dem Wirtschaftswert und dem fünfjährigen Gewinndurchschnitt der Testbetriebe für den Agrarbericht der Bundesregierung ergeben. Bei der Ermittlung dieses Korrekturfaktors wird auch die mit steigendem Wirtschaftswert veränderte Ertragskraft je DM Wirtschaftswert berücksichtigt, so dass diese Methode der durchschnittlichen Leistungsfähigkeit landwirtschaftlicher Unternehmen näher kommt als die bisherige Methode. Ein ordnungspolitischer Nebeneffekt ist der Anreiz, die Buchführung einzuführen, um nach der steuerlichen Leistungsfähigkeit beurteilt zu werden (ROMBACH 1995: 220). Bei dieser Form der Gewinnermittlung wird zwischen Haupt- und Nebenerwerbsbetrieben unterschieden, denen bei der Ermittlung folglich auch unterschiedliche Korrekturfaktoren zugeordnet werden (ROMBACH 1995: 221).

Im Jahr 1995 wurde ein Einheitsbetrag von 291 DM festgesetzt. Bis zu einem Einkommen von 16 000 DM ergab sich ein Zuschuss von 80 % des Einheitsbetrages in Höhe von 233 DM, so dass eine Nettobelastung von 58 DM für den Versicherten je Monat blieb. Bis zu der Zuschussgrenze von 40 000 DM nimmt der Zuschuss ab dem Betrag von 16 000 DM je weitere 1 000 DM Einkommen um 3,2 % des Einheitsbeitrages ab. Die nachfolgende Tabelle wird dieses verdeutlichen.

Einkommensklasse (in DM)	Zuschuss (in DM)	Monatliche Nettobelastung (in DM)
bis 16 000	233	58
16 001 – 17 000	223	68
17 001 – 18 000	214	77
18 001 – 19 000	205	86
19 001 – 20 000	196	95
20 001 – 21 000	186	105
21 001 – 22 000	177	114
22 001 – 23 000	168	123
23 001 – 24 000	158	133
24 001 – 25 000	149	142
25 001 – 26 000	140	151
26 001 – 27 000	130	161
27 001 – 28 000	121	170
28 001 – 29 000	112	179
29 001 – 30 000	102	189
30 001 – 31 000	93	198
31 001 – 32 000	84	207
32 001 – 33 000	74	217
33 001 – 34 000	65	226
34 001 – 35 000	56	235
35 001 – 36 000	47	244
36 001 – 37 000	37	254
37 001 – 38 000	28	263
38 001 – 39 000	19	272
39 001 – 40 000	9	282
ab 40 001	0	291

Tabelle 1: Beitragszuschüsse im Jahr 1995, Quelle: ROMBACH 1995: 225.

Nach Vermutungen von ROMBACH (1995: 225/226) werden durch das neue System anstatt vorher 45 % der Versicherten nun ca. 75 % der Versicherten einen Anspruch auf einen Zuschuss zum System haben. Jedoch sollen die neuen Einkommenserfassungsmethoden zu mehr Gerechtigkeit und einer realitätsgerechteren Abbildung der Belastungsfähigkeit der Versicherten führen.

4.3.4 Beitragserstattung

An das System der GRV angelehnt ermöglichen §§ 75 ff. ALG die Beitragserstattung. Eine solche Erstattung ist einem umlagefinanzierten Alterssicherungssystem zunächst fremd, da es Versicherungen grundsätzlich entspricht, dass bei Nichterfüllen der Leistungsvoraussetzungen die Beiträge an die Versicherungsgemeinschaft fließen. Es soll jedoch aus Billigkeitsgründen nicht das Gefühl entstehen, Beiträge umsonst gezahlt zu haben, so dass zumindest die Hälfte der gezahlten Beiträge erstattet wird (GESAMTVERBAND DER LANDWIRTSCHAFTLICHEN ALTERSKASSEN 2006: § 75, 1.1). Der Kreis der Erstattungsberechtigten ist in § 75 ALG festgeschrieben. Auf Antrag werden Versicherten, die bis zu ihrem 65. Geburtstag die Wartezeit von 15 Jahren nicht mehr erfüllen können und Hinterbliebenen (Witwen, Witwer, Waisen), die wegen der Nichterfüllung der Wartezeit von fünf Jahren keine Ansprüche auf Versorgung haben. Erstattet werden nach § 76 ALG die Beiträge zur Hälfte, jedoch werden ggf. gezahlte Zuschüsse dagegen aufgerechnet. Wenn andere Leistungen (§ 76 Abs. 2 ALG) in Anspruch genommen worden, so werden nur Beiträge nach dem Leistungsbescheid für diese Leistungen zurückgezahlt. Der Antrag auf Erstattung kann nicht auf einzelne Zeiträume beschränkt werden, vielmehr wird das bestehende Versicherungsverhältnis aufgelöst nach § 76 Abs. 4 ALG. Falls Beiträge zu Unrecht entrichtet wurden, so richtet sich die Rückabwicklung nach dem SGB.

Eine Erstattung von Beiträgen für mitarbeitende Familienangehörige soll nicht möglich sein, denn § 76 Abs. 1 ALG besagt, dass die Beiträge vom Versicherten getragen sein müssen (ROMBACH 1995. 230).

Ein weiterer Anspruch auf Beitragserstattung kann sich aus § 117 ALG ergeben. Diese Regelung betrifft Landwirte, die bis Ende 1994 versicherungspflichtig waren, also bis zum 31. Dezember 1994 Beiträge gezahlt haben, aber nicht mehr versicherungspflichtig sind und keinen Anspruch auf eine Rente besitzen. Diese erhalten ihren Beitrag nach den Vorschriften des § 76 Abs. 1 Satz 2 und Abs. 2 bis 4 ALG zurückerstattet, wenn sie eine Erklärung über die Weiterversicherung abgegeben haben und einen entsprechenden Antrag gestellt haben. Ausschlussgründe für die Erstattung sind jedoch, dass am 31. Dezember 1994 keine Beiträge gezahlt wurden und der Ausschluss der Rückerstattung nach altem Recht. Nach dieser Vorschrift soll auch ein Rückerstattungsanspruch mitarbeitender Familienangehöriger möglich sein, sofern die Voraussetzungen vorliegen, denn nach altem Recht war dies möglich (GESAMTVERBAND DER LANDWIRTSCHAFTLICHEN ALTERSKASSEN 2006: § 117, 1.2).

4.3.5 Leistungen

Das Leistungsspektrum der landwirtschaftlichen Alterssicherung hat sich abgesehen von den Renten für den Ehegatten nicht grundsätzlich geändert. Lediglich die Berechnung und die Höhe der Renten haben sich verändert. Die Voraussetzungen des Altersgeldes, wie die Vollendung des 65. Lebensjahres, die Wartezeit von 15 Jahren und die Hofabgabe sind erhalten geblieben (§ 11 ALG). Nach der Reform werden Beitragszeiten auch auf die Wartezeit angerechnet, wenn sie nicht lückenlos sind, jedoch gilt dies nicht für Zeiten vor der Reform. Im Gegensatz zum Recht der GAL werden nach der Reform auch Beitragszeiten als mitarbeitender Familienangehöriger auf die Wartezeit für eine Altersrente an Landwirte angerechnet (ROMBACH 1995: 85-86).

Die Rente wegen Todes setzt nun einheitlich eine Wartezeit von 5 Jahren voraus. Die Erwerbsunfähigkeitsrente setzt eine Wartezeit von 5 Jahren vor der Erwerbsunfähigkeit voraus (ebenda: 87).

Die Rentenvoraussetzung der Hofübergabe ist mit § 21 ALG erhalten geblieben. In diesem Paragraphen werden die Anforderungen an die Hofübergabe konkretisiert. Von dieser Voraussetzung hängen nicht nur das Altersgeld, sondern auch die Witwenrente (§ 14 ALG) und die Rente wegen Erwerbsminderung (§ 15 ALG). Im Wesentlichen sind die Regelungen des alten Rechts erhalten geblieben, jedoch wurde der Abgabebegriff dem zivilrechtlichen Begriff der Trennung vom Unternehmen angeglichen. Weiterhin wurden neue Möglichkeiten der Abgabe geschaffen, indem nun auch eine Stilllegung als Abgabeersatz möglich ist und die Abgabe an den Ehegatten unter bestimmten Voraussetzungen durchführbar ist (GESAMTVERBAND DER LANDWIRTSCHAFTLICHEN ALTERSKASSEN 2006: § 21, 1.3).

Hinsichtlich der Wartezeiten für Leistungen nach dem ALG sind auch Beitragszeiten und sonstige Anrechnungsmöglichkeiten, die nach dem System der GRV bestehen, anzurechnen, so dass die Wartezeiten für einige Betroffenen leichter erfüllt werden. Die Systeme können also kombiniert werden und Anrechnungen sind leichter möglich (ROMBACH 1995: 97-99).

Die Erwerbsunfähigkeitsrente kann auch von dem Fiktivunternehmer (=Ehegatte) in den ersten Jahren nach der Reform in Anspruch genommen werden, wenn bestimmte Voraussetzungen erfüllt sind. Dem Ehegatten werden nach § 96 Abs. 2 Satz 1 ALG bestimmte Beitragszeiten des Unternehmers als Pflichtbeitragszeiten angerechnet. Witwen- bzw. Witwerrente wird nur nach Vollendung des 45. Lebensjahres und den schon im GAL kodifizierten Vorschriften gewährt nach § 14 ALG.

Die Höhe der Renten wird nun nach einem neuen System berechnet. Nach dem linearisierten Rentensystem bringt jeder Monat mit Beiträgen den gleichen Rentenertrag. Somit wird die Begünstigung nur kurzzeitig Versicherter, die nach altem Recht vorlag, beseitigt. Weiterhin entfällt durch die neu eingeführte Absicherung des Ehegatten der Verheiratetenzuschlag. Auch das Erfordernis der Lückenlosigkeit der Beiträge, das oft zum Verlust von Ansprüchen führte, wurde aufgehoben für die Wartezeit ab dem 1. Januar 1995. Die bis zum 30. Juni 1995 bestehenden Rentenansprüche werden jedoch noch nach altem Recht behandelt. Ab dem 1. Juli 1995 gelten Übergangsvorschriften für die Dauer von 14 Jahren (ROMBACH 1995: 107-108). Die Berechnung der Renten ist in § 23 ALG festgeschrieben. Für die Rentenberechnung ergibt sich dadurch folgende Formel:

monatliche Rente = Steigerungszahl · allgemeiner Rentenwert

Steigerungszahl = Summe der Monate mit Beiträgen (ggf. Zurechnungszeiten) · Faktor

Faktor für Beiträge als Landwirt	0,0833
Faktor für Beträge als mitarbeitender Familienangehöriger	0,0417.

Das Berechnungssystem wird an das Recht der GRV angeglichen, da nun auch einzelne Beitragsmonate berücksichtigt werden und nicht nur ganze Jahre wie es im alten System üblich war. Der allgemeine Rentenwert entspricht terminologisch dem aktuellen Rentenwert der GRV (ROMBACH 1995: 109).

Die Renten, die schon vor der Reform gezahlt wurden, werden auch weiterhin nach altem Recht behandelt. Jedoch wird eine Umwertung stattfinden, so dass die alten Renten auf das neue Berechnungsschema umgestellt werden und somit eine Rentenanpassung vorgenommen werden kann nach § 25 ALG (ebenda: 119). Die so genannten Zugangsrenten, die ab dem 1. Juli 1995 gewährt werden, werden über ein Vergleichssystem berechnet. Der Gesetzgeber hat einen vierzehnjährigen Übergangszeitraum gewährt, so dass für diese Zeit eine Rentenberechnung nach altem und neuem Recht erfolgt. Diese beiden Werte werden dann verglichen. Wenn GAL-

Rente höher ausfällt als die ALG-Rente, so wird ein Zuschlag zur neuen Renten gezahlt, der jedoch mit jedem Jahr gemindert wird (ebenda: 124). Nach dem Übergangszeitraum wird ab dem Jahr 2009 die Rente ausschließlich nach neuem Recht ausgezahlt.

Für die Rente von Ehegatten von Landwirten gelten einige Besonderheiten. Wenn der Ehegatte am 31. Dezember 1994 mit dem Landwirt verheiratet war und am 1. Januar 1995 noch nicht 65 Jahre alt war, werden ihm die vom Ehepartner während der Ehe gezahlten Beiträge angerechnet, so fern der Betroffene am 1. Januar 1995 in die Pflichtversicherung eintritt bzw. erwerbsunfähig ist. Wenn im Jahr 1995 die Erwerbsunfähigkeit bzw. die Vollendung des 65. Lebensjahres eintritt, werden die Beiträge des Unternehmers zu 65 % angerechnet. Im Jahr 1996 geschieht eine Anrechnung zu 80 % der Beitragszeiten (ebenda: 138). Weiterhin wurde noch eine Obergrenze für die Anrechnung festgelegt. Diese lag bei der Höhe des Ehegattenzuschlags nach altem Recht (MEHL 2006: 442). Die Möglichkeit nach dem Tod des Unternehmers weiter Beiträge zu zahlen, um die Hinterbliebenenversorung zu erhöhen entfällt nach neuem Recht (ROMBACH 1995: 143).

Die Witwenrente bestimmt sich nach dem neuen Recht nach der Höhe einer Rente wegen Erwerbsunfähigkeit zuzüglich Zuschläge nach dem Übergangsrecht (ebenda: 153). Dabei wird wie bei der Altersrentenberechnung auch eine Vergleichswertberechnung durchgeführt. Bei der Berechnung der Hinterbliebenenrenten wird grundsätzlich jedes Einkommen, also Erwerbs- und Erwerbsersatzeinkommen, berücksichtigt. Zu den Erwerbsersatzeinkommen gehören Renten, aber nicht Hinterbliebenenrenten, da diese nur Unterhaltsfunktion haben. Nicht berücksichtigt werden Einkünfte aus Kapital, Vermietung und Verpachtung und Fürsorgeleistungen. Dieses Einkommen wird summiert und vom zulässigen Freibetrag abgezogen. Wird der Freibetrag überschritten, so werden 40% des überschrittenen Beitrags auf die Hinterbliebenenleistung angerechnet. Bis Ende 1996 besteht jedoch ein Wahlrecht für die Betroffenen hinsichtlich der Anwendung des alten oder neuen Rechts nach § 106 ALG (ebenda: 159-160).

4.3.6 Organisation und Überleitung auf die neuen Bundesländer

Grundsätzliche Änderungen der Organisation der landwirtschaftlichen Alterskassen wurden nicht vorgenommen. In den neuen Bundesländern wurden die Sächsische LAK und die LAK Berlin geschaffen (ebenda: 243). Die Überleitung auf die neuen Bundesländer erfolgt durch die Geltung des ALG ab dem Jahr 1995 in den neuen Bundesländern. Die Vorschriften über die neuen Bundesländer als Beitrittsgebiet finden sich in §§ 81 ff. ALG. Selbstständige Landwirte in den neuen Bundesländern waren wie Arbeitnehmer auch in der GRV versichert, soweit sie nicht nach 1990 aus den alten Bundesländern in die neuen gezogen sind. Solche Versicherten, die von West nach Ost gezogen sind, wurden der Versicherungspflicht nach dem GAL entzogen, hatten jedoch als Weiterentrichter die Möglichkeit versicherungspflichtig zu bleiben. Mit dem neuen Gesetz sollen jedoch die selbstständigen Landwirte in ganz Deutschland gleich behandelt werden. In den neuen Bundesländern könnte es bzgl. der Betriebe, die in Form einer Genossenschaft betrieben werden, Schwierigkeiten bei der Abgrenzung von abhängiger und selbstständiger Tätigkeit geben. Jedoch haben auch Genossenschaftsmitglieder ein finanzielles Risiko zu tragen und sind an der Mitbestimmung beteiligt. Selbstständige Landwirte im Beitrittsgebiet, die am 1. Januar 1995 älter als 50 Jahre sind und die Wartezeit der GRV für eine Rente wegen Erwerbsminderung erfüllt haben, bleiben zunächst in der GRV versichert, können jedoch auf Antrag bis Ende 1995 in die Alterssicherung der Landwirte wechseln. Alle anderen Landwirte werden grundsätzlich in der Alterssicherung der Landwirte pflichtversichert ab Januar 1995. Bei den Wartezeiten werden Zeiten aus der GRV angerechnet. Für die Anrechnung von Beitragszeiten des Ehegatten, das Zuschusssystem und die Rentenberechnung gelten für das Beitrittsgebiet eigene Werte, die sich von den allgemeinen Werten unterscheiden (ebenda: 255-265).

5 Auswirkungen der Reform

Seit dem Inkrafttreten der Reform sind mehr als 12 Jahre vergangen. Zwar befinden wir uns noch in der Geltungsphase der Übergangsbestimmungen, jedoch sollen die Reform und ihre Auswirkungen in diesem Kapitel der Arbeit bewertet werden.

Im Jahre 2001 wurde die Organisation der landwirtschaftlichen Sozialversicherungsträger reformiert. Das Gesetz zur Organisationsreform in der landwirtschaftlichen Sozialversicherung wurde am 17. Juli 2001 beschlossen. Damit wurde das System dem Strukturwandel und den sinkenden Versichertenzahlen angepasst und den Anfordernissen an die Wirtschaftlichkeit des gesamten Systems. Im Rahmen der Reform wurden einige Träger der landwirtschaftlichen Sozialversicherung in den verschiedenen Ländern fusioniert (GRAEFF ET AL. 2001: 20). Bezüglich der Alterssicherung der Landwirte wurden die zentrale Rentenanpassung und –auszahlung dem Gesamtverband der landwirtschaftlichen Alterskassen übertragen, um die Zahlungswege zu verkürzen und Kosten für den Bund zu sparen. Die Bearbeitung der Vorgänge bis zur Auszahlung bleibt jedoch den regionalen Trägern vorbehalten (ebenda: 22).

5.1 Finanzierungssituation

Die Zuschussgrenze für Beiträge wurde gesenkt und liegt nun bei einem Landwirt bei 15 500 € pro Jahr und bei Verheirateten bei 31 000 € pro Jahr (ALZINGER 2005: 167). Weiterhin wurde mit dem Haushaltssanierungsgesetz die maximale Entlastungsquote von 80 % auf 60 % gesenkt. Die Zwangsmitgliedschaft in den Alterskassen wurde von vielen Ehegatten als Belastung empfunden und nicht akzeptiert. Eine Klage vor dem Bundesverfassungsgericht scheiterte jedoch (ZINDEL 2005: 12). Auch wurde der Abschlag zur gesetzlichen Rentenversicherung, der zunächst 20 % betrug, durch das Haushaltssanierungsgesetz auf 10 % gesenkt. Durch die neuen Regelungen wie die Abschaffung des Ehegattenzuschlags, die Linearisierung der Renten und die Einbeziehung des Ehegatten als Beitragszahler wurden die Einnahmen erhöht und die Ausgaben gesenkt. Jedoch haben die Einschränkungen der Beitragszuschüsse zu einer Vermehrung der Befreiung von der Versicherungspflicht beigetragen, denn viele sahen sich nicht in der Lage die Belastung zu tragen (MEHL 2005: 15).

Diese Entwicklungen zeigen sich auch in den Entwicklungen der Zahlen, die in folgendem Diagramm dargestellt werden sollen. Die Abbildung lässt erkennen, dass die Anzahl der Versicherten sowie auch derjenigen, die einen Beitragszuschuss erhalten, im Laufe der Jahre stetig gefallen ist. Ein Anstieg der Versicherten und der Beitragszuschussempfänger ergab sich nur im Jahr der Reform der Alterssicherung 1995, da nun auch die Ehefrauen versicherungspflichtig wurden, so dass Versicherte und auch Zuschussempfänger anstiegen. Die Bezuschussten nehmen immer weiter ab, was auch durch die Änderung des Zuschusssystems zu erklären ist.

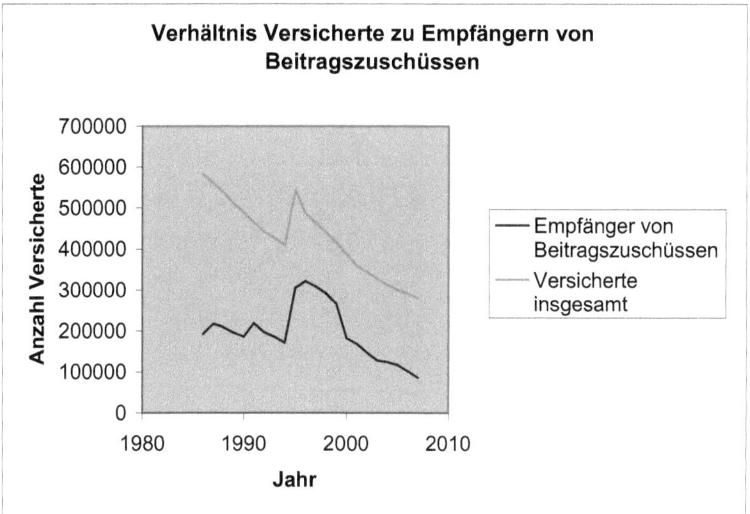

Abbildung 3: Verhältnis von Versicherten zu Empfängern von Beitragszuschüssen, Quelle: eigene Darstellung, Agrarberichte Bundesregierung mehrere Jahrgänge.

Die Entwicklung der Empfänger von Beitragszuschüssen, die ja rückläufig ist, zeigt auch, dass sich die Ausgaben in diesem Bereich auch rückläufig entwickeln und somit zur Entlastung des Systems beitragen. So betrugen die Ausgaben für Beitragszuschüsse im Jahr 1997 noch 361,8 Millionen Euro und im Jahr 2005 sanken sie auf 115 Millionen Euro (BUNDESMINISTERIUM FÜR ERNÄHRUNG, LANDWIRTSCHAFT UND VERBRAUCHERSCHUTZ 2007). Die Empfänger von Beitragszuschüssen nahmen seit dem Haushaltssanierungsgesetz von 1999 ab, denn der vorherige Abschlag zur GRV in Höhe von 20% wurde auf nur noch 10% reduziert und die Obergrenzen für Zuschüssen wurden auf 30 000 DM gesenkt (MEHL 1999: 265).

Weiterhin geht aus der Abbildung eine Abnahme der Versicherten insgesamt hervor. Diese Abnahme spiegelt sich auch in den insgesamt von der Versicherungsgemeinschaft gezahlten Beiträgen wider. Im Jahr 1997 betrugen diese noch 925,5 Millionen Euro, jedoch ergaben sich im Jahr 2005 nur noch 709,3 Millionen Euro (ebenda). Die

Ausgaben des System stiegen nach der Reform zunächst weiter an, seit dem Jahr 2003 jedoch beginnen sie sich zu stabilisieren bei einem Wert von ca. 3,05 Milliarden Euro. Das Problem bei sinkenden Versichertenzahlen und steigenden Ausgaben ist jedoch das Defizit, das nicht von den Beiträgen gedeckt wird, sondern für das der Bund haftet. Dieses stieg von 3,8 Milliarden DM im Jahr 1995 auf 4,15 Milliarden DM im Jahr 2000. Im Jahr 2001 betrug der Bundeszuschuss 2,2 Milliarden Euro und stieg bis zum Jahr 2005 auf einen Höhepunkt von 2,34 Milliarden Euro, jedoch besteht seit diesem Höhepunkt eine sinkende Tendenz (DEUTSCHER BUNDESTAG: Agrarberichte verschiedene Jahrgänge; GESAMTVERBAND DER LANDWIRTSCHAFTLICHEN ALTERSKASSEN 2008). Jedoch stieg auch der Anteil der Bundesmittel an den Gesamtausgaben von 69 % im Jahr 1997 auf über 76,4 % im Jahr 2005. Das System hat sich zwar insgesamt durch Einsparungen im Rentenbereich, im Zuschusssystem stabilisiert, jedoch geht diese Stabilisierung zu Lasten der Bundesmittel und somit auch des Steuerzahlers, was zu Rechtfertigungsproblemen hinsichtlich der Legitimation des gesamten Systems führen kann.

5.2 Versicherte

Mit der Einführung der Alterssicherung des Ehegatten wurde der Kreis der Versicherten zunächst erweitert. Zum 31.12.1996 nachdem die Erfassung der versicherungspflichtigen Ehegatten größtenteils abgeschlossen war, zählten ca. 290 000 Menschen zum Kreis der versicherungspflichtigen Ehegatten. Beitragspflichtig blieben jedoch nur ca. 173 000 Menschen, denn die Übrigen waren versicherungsfrei oder befreit (ZINDEL 2005: 12). Der Deutsche Bauernverband sieht aufgrund der immer weiter fallenden Mitglieder im Bereich der Ehegattensicherung ein Akzeptanzproblem des Systems (MÖLLER 2005: 19). Die Ausweitung des Versichertenkreises stellt somit nur eine kurzfristige Stabilisierung des Systems dar, denn die agrarstrukturellen und demographischen Veränderungen machen sich dennoch bemerkbar (MEHL 1999: 263). Der deutsche Landfrauenverband sieht das System trotz vorkommender Kritik hingegen deutlich positiver. SCHMIDTKE (2005: 20) sieht in der Alterssicherung der Landwirte ein modernes System, weil diese Pflichtversicherung eine gesetzliche Teilsicherung darstellt, die durch private Vorsorge ergänzt werden muss und die Sicherung des Ehegatten eigenständig geregelt ist und nicht abgeleitet ist.

Die folgende Abbildung verdeutlicht den schon beschriebenen Rückgang der Versichertenzahlen. Dabei wird auch zwischen dem Unternehmer, dem Ehegatten und den mitarbeitenden Familienangehörigen unterschieden. Die Zahl der versicherten Ehegatten hat sich seit der Einführung im Jahr 1995 halbiert, was auf Renteneintritt und Befreiungen von der Versicherungspflicht zurückzuführen ist. Die Zahl der versicherten Unternehmer ist vor allem aufgrund von Renteneintritten und Strukturwandel gesunken. Die Zahl der versicherten mitarbeitenden Familienangehörigen ist zwar auch gesunken, in den letzten Jahren ist sie jedoch auf einem stabilen Level in Höhe von ca. 11 000 Versicherten geblieben.

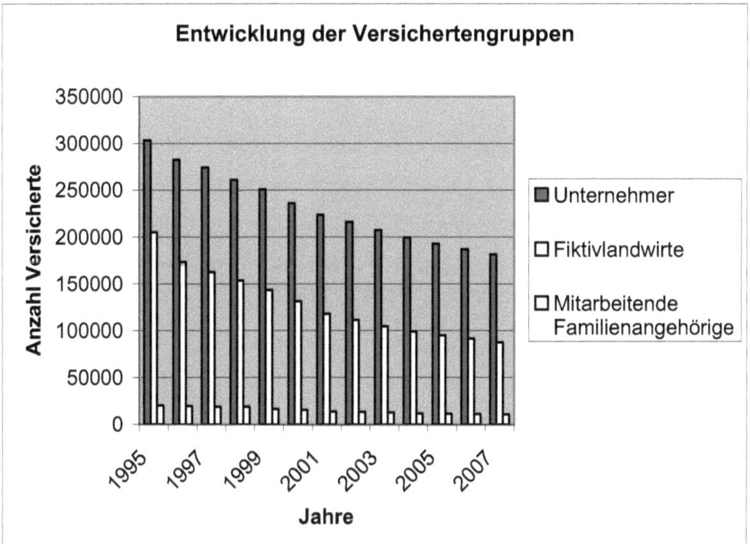

Abbildung 4: Entwicklung der Versichertengruppen, Quelle: eigene Darstellung, Agrarberichte der Bundesregierung verschiedene Jahrgänge, Quartalsstatistiken des Gesamtverbandes der landwirtschaftlichen Alterskassen.

Die Abbildung zeigt ein deutliches Absinken der Versichertenzahlen. Wie schon vorher beschrieben sinken jedoch nicht die Zahlen der Leistungsempfänger. Im Jahr 1979 kamen auf ungefähr 660 000 Versicherte 580 000 Empfänger von Altersgeld. In den 1980er Jahren sanken die Empfängerzahlen aufgrund geburtenschwacher

Kriegsjahrgänge. Seit den 1990er Jahren sind die Zahlen jedoch auf ca. 630 000 Rentenempfänger angestiegen. Diesen gegenüber stehen aber nur weniger als 300 000 Versicherte, so dass sich ein Verhältnis von einem Versicherten zu zwei Leistungsempfängern ergibt. Der Beitrag eines Versicherten ist jedoch nicht ausreichend die Kosten für die zwei Leistungsempfänger zu decken.

Ein weiterer Grund für den Rückgang der Versichertenzahlen ist die immer beliebtere Möglichkeit der Befreiung von der Versicherungspflicht. Nachdem durch das Haushaltssanierungsgesetz 1999 die Beitragszuschusssysteme geändert und eingeschränkt wurden, lassen sich mehr Menschen von der Versicherungspflicht befreien. Weiterhin mussten Ehegatten von Landwirten bis mindestens Ende 2000 in der Altershilfe versichert sein, um die Beitragszeiten des Ehegatten angerechnet zu bekommen (MEHL 2006: 445).

5.3 Leistungen

Einleitend kann festgestellt werden, dass sich das Leistungsspektrum der landwirtschaftlichen Alterskassen demjenigen der GRV angenähert hat (WIRTH 2007: 97). Leistungseinschnitte sind durch die neue Methode der Rentenberechnung erfolgt und durch die Abschaffung des Verheiratetenzuschlags (MEHL 2001: 17). Leistungseinbußen haben verheiratete Leistungsbezieher mit einer kurzen Beitragszeit. Dies wird deutlich bei dem Vergleich der Rente nach altem Recht und nach neuem Recht. Einem verheirateten Landwirt standen nach 15 Beitragsjahren 754,13 DM Altersgeld zu, nach neuem Recht beträgt sein Anspruch nur noch 330,15 DM. Dies ist durch den Wegfall des Verheiratetenzuschlags und der Linearisierung der Renten zu tun (MEHL 1999: 263) Jedoch kann dieser Nachteil durch die Versicherung der Ehefrau ausgeglichen werden. Für unverheiratete Altersgeldberechtigte sinkt das Altersgeld nach neuem Recht, wenn weniger als 40 Beitragsjahre vorliegen, jedoch erhöht sich das Altersgeld nach neuem Recht bei mehr als 40 Beitragsjahren im Gegensatz zum alten Recht. Bei solchen Berechnungen muss jedoch immer die Übergangsphase bis zum Jahr 2009 beachtet werden. Ein niedrigeres Altersgeld als nach altem Recht erhalten Daten zufolge die Mehrheit der Empfänger. Verheiratete Rentner können diesen Verlust hingegen durch die Ehegattenversicherung aufwiegen (MEHL 2006: 443).

5.4 Problemfelder

Kritik am System wird vor allem im Bereich der Finanzierung laut. Aus der Gemeinschaft der Versicherten tritt die Kritik auf, dass das System für andere nicht mehr erklärbar sei und zu hohe Bundeszuschüsse brauche, die für den Steuerzahler auf Dauer zu rechtfertigen seien (MEHL 2004: 11; ALTE 1997: 77). Als weiterer Problempunkt wird die Verwaltung des Systems beanstandet. Viele Stimmen fordern die Zusammenfassung der regionalen Träger zu einem Bundesträger, um so Verwaltungskosten einzusparen und mit den ständig sinkenden Versichertenzahlen besser umgehen zu können (ebenda: 12). Die Bevölkerung insgesamt hat mit dem Problem des demographischen Wandels zu kämpfen. Die Menschen werden immer älter und die Geburtenzahlen gehen zurück (KAUFMANN ET AL. 1984: 432). Das bedeutet für die Alterssicherung der Landwirte vor allem immer längere Rentenzahlungszeiten für die einzelnen Rentner, was auf der Ausgabenseite des Systems deutlich wird. In der Landwirtschaft gibt es anders als in anderen Sektoren einen ausgeprägten Strukturwandel. Dies kann insbesondere mithilfe der jährlichen Abnahmerate der landwirtschaftlichen Betriebe erklärt werden. Vom Jahr 2005 bis zum Jahr 2006 nahmen die Betriebe um 3,5 % ab, der langjährige Mittelwert dieser Abnahmerate liegt bei ca. 3 % (BUNDESMINISTERIUM FÜR ERNÄHRUNG, LANDWIRTSCHAFT UND VERBRAUCHERSCHUTZ 2007a: 1). Dieser Rückgang der Betriebe wird auch in dem Rückgang der Versichertenzahlen in der Alterssicherung der Landwirte spürbar.

6 Diskussion

Die Ziele der Reform waren vor allem die Verbesserung der Absicherung der Bäuerin und die finanzielle Stabilisierung des Systems. Insgesamt kann festgestellt werden, dass das System finanziell stabilisiert wurde, die Vergünstigungen gegenüber der GRV weitgehend abgebaut wurden, die Sicherung der Bäuerin eingeführt wurde und die Kompatibilität mit anderen Alterssicherungssysteme wurde durch die neuen Anrechnungsregelungen erreicht (MEHL 2006: 451). Die vorherige Bevorzugung der Versicherten in der Altershilfe der Landwirte wurde durch die Angleichung der Rentenberechnungsmethode, die Änderung des Beitragszuschusssystems und der

Angleichung des Leistungsabschlags nahezu aufgehoben. Die neu eingeführte Defizithaftung des Bundes führte zu einer höheren Beteiligung des Bundes an den Ausgaben der Alterskassen. Um die Ausgabensituation weiterhin stabil zu gestalten, wird diskutiert einen Bundesträger für die Alterssicherung der Landwirte zu gründen. Auf diese Weise sollen Verwaltungskosten eingespart werden.

Hinsichtlich der Befreiungsmöglichkeiten für die Ehefrauen ist anzumerken, dass diese oft zu einer unzureichenden Absicherung im Alter führen. Dies liegt in der Tatsache, dass bereits Einkommen von 4 800 Euro für die Befreiung ausreichen, diese jedoch liefern auch in der GRV nur eine sehr geringe Rente. Hier wäre eine Kombination der Alterssicherung der Landwirte mit der GRV ideal. In Österreich wird außerlandwirtschaftliches Einkommen bis zur Beitragsbemessungsgrenze berücksichtigt. Jedoch zielt die österreichische Lösung auf eine individuelle Absicherung des Einkommens im Alter in Form der gesetzlichen Vorsorge. Die Alterssicherung der Landwirte in Deutschland stellt jedoch nur eine Teilsicherung dar, so dass zusätzliche private Vorsorge etc. getroffen werden muss (MEHL 2006: 447).

Das größte Problem, das die landwirtschaftlichen Alterskassen in Zukunft hingegen treffen wird, ist der Mitgliederschwund. Wie schon bei den nach der Reform bestehenden Problemfeldern (Kapitel 5.4) erörtert, nehmen die landwirtschaftlichen Betriebe jährlich um ca. 3 % ab. Weiterhin machen immer mehr Versicherte von den Befreiungsmöglichkeiten Gebrauch, so dass die Versichertenzahlen insgesamt sinken. Dem gegenüber steht jedoch eine über die letzten Jahre gleich gebliebene Anzahl von Leistungsempfängern. Die Finanzierung des Systems ist also auf Dauer nicht durch die Beiträge gesichert, wie jetzt auch nicht, jedoch besteht die Gefahr, dass der Anteil der Bundesmittel an den Gesamtausgaben weiter steigen wird. Diese Finanzierung des Systems, die vor allem auf Bundesmittel, also Geldern von Steuerzahlern, beruht, ist auf Dauer und aufgrund der sinkenden Versichertenzahlen nicht zu rechtfertigen.

Die Kritik am System kommt zudem auch aus dem System. Viele Landwirte haben Vorbehalte gegenüber dem System aufgrund vieler Dinge, wie beispielsweise der Ablehnung staatlicher Alterssicherungssysteme insgesamt oder auch den hohen Kosten des Systems, die vor allem aufgrund des Einheitsbetrages und des mittlerweile eingeschränkten Beitragszuschusssytems insbesondere kleinere Betriebe treffen.

Dem kann jedoch entgegen gehalten werden, dass die Reform die Alterssicherung der Landwirte zu einem modernen System entwickelt hat. So schafft die Alterssicherung eine Mindestsicherung im Alter, auch für die Ehefrau. Die Diskussion bei der GRV in Bezug auf private Vorsorge, kommt bei der Alterssicherung der Landwirte nicht auf, denn dort ist eine private Vorsorge nötig, da das System nur einen Teilsicherungscharakter hat. Ein Überführung des Systems in die GRV wäre jedoch problematisch, weil dann sektorale Sonderregelungen wie die Hofabgabeklausel, die Ehegattensicherung und Beitragszuschusssystem zu einem Problem werden (MEHL 2004a: 32).

Es wird also abzuwarten sein, wie sich das System nach Ende der Übergangsregelungen im Jahr 2009 weiter entwickeln wird und welche Ziele die jeweilige Regierung in Bezug auf das System verfolgt.

Literaturverzeichnis

AGRARSOZIALE GESELLSCHAFT E.V. (1977): *Die Aufwendungen der Landwirte für ihre soziale Sicherung*, Göttingen.

AGRARSOZIALE GESELLSCHAFT E.V. (1990): *Der Wandel in ländlichen Räumen und seine Wirkungen auf die berufliche Qualifikation und soziale Sicherung*, Göttingen.

ALTE, K. (1997): *Agrarsozialpolitik langfristig finanzierbar?,* in Soziale Sicherheit in der Landwirtschaft 1997, Heft 2, S. 75-81.

ALZINGER, K. (2005): *Sozialversicherung in der Landwirtschaft*, in: BACH, P. und HÜFFMEIER, H. (2005): *Die Landwirtschaft, Wirtschaftlehre*, 12. Auflage, S. 147-197.

BRANDMÜLLER, G. (1993): *Altershilfe für Landwirte, Kommentar*, 5. Auflage, Starnberg-Percha.

BUNDESMINISTERIUM FÜR ERNÄHRUNG, LANDWIRTSCHAFT UND VERBRAUCHERSCHUTZ (2003): *Tabellen zum Agrarbericht 2003,* URL: http://www.bmelv-statistik.de/fileadmin/sites/030_Agrarb/2003/AB03_Tab57_73.pdf, Abrufdatum: 28.02.2008.

BUNDESMINISTERIUM FÜR ERNÄHRUNG, LANDWIRTSCHAFT UND VERBRAUCHERSCHUTZ (2004): *Tabellen zum Agrarbericht 2004,* URL: http://www.bmelv-statistik.de/fileadmin/sites/030_Agrarb/2004/AB04_Tab58_78.pdf, Abrufdatum: 28.02.2008.

BUNDESMINISTERIUM FÜR ERNÄHRUNG, LANDWIRTSCHAFT UND VERBRAUCHERSCHUTZ (2007): *Tabellen zum Agrarbericht 2007,* URL: http://www.bmelv-statistik.de/fileadmin/sites/030_Agrarb/2007/AB07_Tab40_62.pdf, Abrufdatum: 01.03.2008.

BUNDESMINISTERIUM FÜR ERNÄHRUNG, LANDWIRTSCHAFT UND VERBRAUCHERSCHUTZ (2007a): *Agrarbericht der Bundesregierung 2007*, URL: http://www.bmelv-statistik.de/fileadmin/sites/030_Agrarb/2007/AB07kompl.pdf, Abrufdatum: 03.03.2008.

BUNDESREGIERUNG (2001): *Lagebericht der Bundesregierung über die Alterssicherung der Landwirte,* URL: http://www.agrarrecht.de/download/Alterss01.pdf, Abrufdatum: 20.02.2008.

BUNDESVERFASSUNGSGERICHT (2004): *Pressemitteilung Nr. 1/2004 vom 14. Januar 2004,* URL: http://www.bundesverfassungsgericht.de/pressemitteilungen/bvg04-001.html, Abrufdatum: 19.02.2008.

DEISLER, H. (2001): *Reformvorstellungen der landwirtschaftlichen Sozialversicherungsträger,* in: FRIEDRICH-EBERT-STIFTUNG, Landesbüro Mecklenburg-Vorpommern (2001): *Landwirtschaftliche Sozialpolitik wohin?*, Schwerin, S. 31-37.

DEUTSCHE RENTENVERSICHERUNG: *Informationen zur Organisationsreform,* URL: http://www.deutsche-rentenversicherung.de/nn_23920/SharedDocs/de/Navigation/Deutsche__RV/unternehmensprofil/Organisationsreform__node.html__nnn=true, Abrufdatum: 8.1.2008.

DEUTSCHE RENTENVERSICHERUNG (2006): *Jahresbericht 2005*, Berlin.

DEUTSCHER BUNDESTAG (1976): *Drucksache 7/4680 (Agrarbericht),* URL: http://dip.bundestag.de/btd/07/046/0704680.pdf, Abrufdatum: 28.02.2008.

DEUTSCHER BUNDESTAG (1977): *Drucksache 8/80 (Agrarbericht),* URL: http://dip.bundestag.de/btd/08/000/0800080.pdf, Abrufdatum: 28.02.2008.

DEUTSCHER BUNDESTAG (1978): *Drucksache 8/1500 (Agrarbericht),* URL: http://dip.bundestag.de/btd/08/015/0801500.pdf, Abrufdatum: 28.02.2008.

DEUTSCHER BUNDESTAG (1979): *Drucksache 8/2530 (Agrarbericht),* URL: http://dip.bundestag.de/btd/08/025/0802530.pdf, Abrufdatum: 28.02.2008.

DEUTSCHER BUNDESTAG (1980): *Drucksache 8/3635 (Agrarbericht),* URL: http://dip.bundestag.de/btd/08/036/0803635.pdf, Abrufdatum: 28.02.2008.

DEUTSCHER BUNDESTAG (1985): *Drucksache 10/2850 (Agrarbericht),* URL: http://dip.bundestag.de/btd/10/028/1002850.pdf, Abrufdatum: 28.02.2008.

DEUTSCHER BUNDESTAG (1989): *Drucksache 11/760 (Agrarbericht),* URL: http://dip.bundestag.de/btd/11/017/1101760.pdf, Abrufdatum: 28.02.2008.

DEUTSCHER BUNDESTAG (1990): *Drucksache 11/6388, Materialband zum Agrarbericht 1990,* URL: http://dip.bundestag.de/btd/11/063/1106388.pdf, Abrufdatum: 28.02.2008.

DEUTSCHER BUNDESTAG (1991): *Plenarprotokoll der 5. Sitzung am 30. Januar 1991,* URL: http://dip.bundestag.de/btp/12/12005.pdf, Abrufdatum: 17.2.2008.

DEUTSCHER BUNDESTAG (1993): *Drucksache 12/5889*, URL: http://dip.bundestag.de/btd/12/058/1205889.pdf, Abrufdatum: 18.02.2008.

DEUTSCHER BUNDESTAG (1993a): *Drucksache 12/4258, Materialband zum Agrarbericht 1993,* URL: http://dip.bundestag.de/btd/12/042/1204258.pdf, Abrufdatum: 28.02.2008.

DEUTSCHER BUNDESTAG (1994): *Plenarprotokoll der 228. Sitzung am 19. Mai 1994,* URL: http://dip.bundestag.de/btp/12/12228.pdf, Abrufdatum: 14.2.2008.

DEUTSCHER BUNDESTAG (1997): *Drucksache 13/8919, Lagebericht der Bundesregierung über die Alterssicherung 1997,* URL: http://dip.bundestag.de/btd/13/089/1308919.pdf, Abrufdatum: 28.02.2008.

DEUTSCHER BUNDESTAG (1998): *Drucksache 13/9823 (Agrarbericht),* URL: http://dip.bundestag.de/btd/13/098/1309823.pdf, Abrufdatum: 28.02.2008.

DEUTSCHER BUNDESTAG (1998a): *Drucksache 13/9824, Materialband zum Agrarbericht 1998,* URL: http://dip.bundestag.de/btd/13/098/1309824.pdf, Abrufdatum: 28.02.2008.

DEUTSCHER BUNDESTAG (1999): *Drucksache 14/348, Materialband zum Agrarbericht 1999,* URL: http://dip.bundestag.de/btd/14/003/1400348.pdf, Abrufdatum: 28.02.2008.

DEUTSCHER BUNDESTAG (2006): *Drucksache 16/907,* URL: http://www.bmelv.de/nn_891060/SharedDocs/downloads/08-LaendlicheRaeume/AgarsozialeSicherung/LageberichtAlterssicherung,templateId=raw,property=publicationFile.pdf/LageberichtAlterssicherung.pdf, Abrufdatum: 20.02.2008.

GEIER, A. (1975): *Das Gesetz über eine Altershilfe für Landwirte im System der deutschen Sozialversicherung*, Würzburg.

GESAMTVERBAND DER LANDWIRTSCHAFTLICHEN ALTERSKASSEN (2006): *Alterssicherung der Landwirte, Kommentar*, Kassel.

GESAMTVERBAND DER LANDWIRTSCHAFTLICHEN ALTERSKASSEN (2008): *Quartalsberichte,* URL: http://www.lsv.de/verbaende/03gla/03statistik/01quartal_adl/index.html, Abrufdatum: 11.02.2008.

GRAEFF, G. und SCHMIDT, B. (2001): *Organisation gestärkt,* in: Bundesarbeitsblatt 2001, Heft 9, S. 20-23.

HAGEDORN, K. und SCHMITT, G. (1978): *Ein Vorschlag zur Reform der Alterssicherung für Landwirte in der Bundesrepublik Deutschland,* Göttingen.

HAGEDORN, K. (1981): *Probleme der sozialen Sicherung in der Altershilfe für Landwirte,* in: Berichte über Landwirtschaft, Band 59 (1981), Heft 2, S. 263-279.

HAGEDORN, K. (1986): *Reformversuche in der Geschichte der Agrarsozialpolitik,* in: Zeitschrift für Agrargeschichte und Agrarsoziologie 1986, Heft 2, S. 176-215.

HEINRICH, U. (1990): *Agrarsoziale Sicherung – Gegenwart und alternative Wege für die Zukunft,* in: AGRARSOZIALE GESELLSCHAFT E.V. (1990): *Der Wandel in ländlichen Räumen und seine Wirkung auf die berufliche Qualifikation und die soziale Sicherung,* Göttingen, S. 118-124.

KAUFMANN, F. X. und LEISERING, L. (1984): *Demographische Veränderungen als Problem für soziale Sicherungssysteme,* in: Internationale Revue für soziale Sicherheit, Bd. 37 (1984), Heft 4, S. 429-452.

KNAPPSCHAFT BAHN-SEE: *Die Knappschaft in ihrer Zeit,* http://www.kbs.de/lang_de/nn_12078/DE/4__ueber__uns/8__geschichte/1__ knappschaft/zeittafel/InhaltsNav,gtp=12090__3D2.html__nnn=true, Abrufdatum: 8.1.2008.

KUMPMANN, I. (2005): *Systemwettbewerb und Umverteilung*, Frankfurt am Main.

LAMPERT, H. und ALTHAMMER, J. (2004): *Lehrbuch der Sozialpolitik*, 7. Auflage, Berlin Heidelberg New York.

MEHL, P. (1999): *Reformen des agrarsozialen Sicherungssystems in der Bundesrepublik Deutschland: Rückblick und Ausblick,* in: Soziale Sicherheit in der Landwirtschaft 1999, S. 240-284.

MEHL, P. (2000): *13 Thesen zur Zukunftsfähigkeit des agrarsozialen Sicherungssystems,* in Ländlicher Raum 51 (2000), Heft 2, S. 2-5.

MEHL, P. (2000a): *Soziales System auf dem Prüfstand, Anpassen oder Abschaffen?,* in: DLG-Mitteilungen (2000), Heft 3, S. 16-23.

MEHL, P. (2000b): *Zukunft der Agrarsozialpolitik,* in: Agrarwirtschaft 49 (2000), Heft 2, S. 97-98.

MEHL, P. (2001): *Zukunftsfähigkeit des agrarsozialen Systems in Deutschland,* in: FRIEDRICH-EBERT-STIFTUNG, Landesbüro Mecklenburg-Vorpommern (2001): *Landwirtschaftliche Sozialpolitik wohin?*, Schwerin, S. 15-23.

MEHL, P. (2003): *Eigenständiges agrarsoziales Sicherungssystem: Probleme und Perspektiven. Thesenpapier für die Kommission Verbraucherschutz, Ernährung und Landwirtschaft beim SPD-Parteivorstand,* URL: http://www.fal.de/nn_791232/SharedDocs/10__LR/DE/Publikationen/Sonstige/download__eas__08__2003__de,templateId=raw,property=publicationFile.pdf/download_eas_08_2003_de.pdf, Abrufdatum: 13.11.2007.

MEHL, P. (2004): *Das agrarsoziale Sicherungssystem. Situation – Akzeptanz – Handlungsbedarf,* in: Ländlicher Raum, Bd. 55 (2004), Heft 2, S. 10-14.

MEHL, P. (2004a): *Wann geht das Geld aus?,* in: DLG-Mitteilungen (2004), Heft 2, S. 30-33.

MEHL, P. (2005): *Die „Bäuerinnenrente" als zentraler Bestandteil der Reform der landwirtschaftlichen Alterssicherung,* in: Ländlicher Raum 2005, Heft 5, S. 13-16.

MEHL, P. (2006): *Die Reform der landwirtschaftlichen Alterssicherung in der Bundesrepublik Deutschland,* in: Berichte über Landwirtschaft, Bd. 84 (2006), Heft 3, S. 438-454.

MEHL, P. und HAGEDORN, K. (1994): *Bäuerinnensicherung und finanzielle Stabilität des agrarsozialen Sicherungssystems nach dem Gesetzentwurf der Bundesregierung zur Reform der agrarsozialen Sicherung (ASRG 1995),* in: Ländlicher Raum, Band 45 (1994), Heft 1/2, S. 2-16.

MÖLLER, B. (2005): *Bäuerinnensicherung aus Sicht des Deutschen Bauernverbandes,* in: Ländlicher Raum 2005, Heft 5, S. 18-19.

RIBHEGGE, H. (2004): *Sozialpolitik*, München.

ROMBACH, W. (1995): *Alterssicherung der Landwirte, Das neue Recht nach dem Gesetz zur Reform der Agrarsozialen Sicherung 1995*, Freiburg.

SCHMIDT, B. (2005): *Zehn Jahre Bäuerinnenrente aus Sicht des Bundesministeriums für Gesundheit und Soziale Sicherung und des Bundesministeriums für Verbraucherschutz, Ernährung und Landwirtschaft,* in: Ländlicher Raum 2005, Heft 5, S. 16-17.

SCHMIDTKE, E. (2005): *Die Bäuerinnenrente: unverzichtbar für die eigenständige Sicherung der Frauen in der Landwirtschaft,* in: Ländlicher Raum 2005, Heft 5, S. 19.

SEHNERT, G. (1996): *Neues oder altes Recht? Die Grundsätze des § 94 ALG,* in: Soziale Sicherheit in der Landwirtschaft 1996, Heft 1, S. 77-102.

SPITZENVERBÄNDE DER LANDWIRTSCHAFTLICHEN SOZIALVERSICHERUNG (2007): *Chronologie zur Geschichte der Alterskasse*, in Soziale Sicherheit in der Landwirtschaft, Heft 2/2007, S. 129-152.

SPITZENVERBÄNDE DER LANDWIRTSCHAFTLICHEN SOZIALVERSICHERUNG (2007a): *50 Jahre LAK*, in: Sicher Leben, Heft 5/2007, S. 6.

STÜWE, E. (1996): *Ein Jahr Agrarsozialreformgesetz,* in: Soziale Sicherheit in der Landwirtschaft 1996, Heft 1, S. 59-76.

THALHEIM, G. (2001): *Positionen der Bundesregierung*, in: FRIEDRICH-EBERT-STIFTUNG, Landesbüro Mecklenburg-Vorpommern (2001): *Landwirtschaftliche Sozialpolitik wohin?*, Schwerin, S. 24-30.

WIRTH, C. (1996): *Änderung des Agrarsozialreformgesetzes,* in: Soziale Sicherheit in der Landwirtschaft 1996, Heft 1, S. 36-58.

WIRTH, C. (2007): *50 Jahre Alterssicherung der Landwirte*, in: Soziale Sicherheit in der Landwirtschaft, Heft 2/2007, S. 96-102.

ZINDEL, G. (2005): *10 Jahre Bäuerinnenrente,* in: Ländlicher Raum 2005, Heft 5, S. 10-13.